Frag doch mal ... die Maus!

FRAG doch mal ...

Natur entdecken mit der Maus

Unsere Tier- und Pflanzenwelt

Texte von Sabine Dahm und Wolfgang Funke
Mit Illustrationen von Julie Sodré

cbj

cbj ist der Kinder- und Jugendbuchverlag
in der Verlagsgruppe Random House

Unser herzlicher Dank gilt Prof. Walter Arnold, Ulrich Brendel, Dr. Karsten Brensing, Seraina Campell, Dr. Kurt P. Frischknecht, Dr. Jürgen Gross, Dr. Wolf Harmening, Prof. Dr. Jan-Peter Hildebrandt, Dr. Ulf Hohmann, Dr. Ronald Janssen, Dr. Anja Kayser, Dr. Andreas Kiefer, Kathrin Krügel, Dr. Hans-Heinrich Krüger, Dr. Oliver Krüger, Frank-Uwe Michler, Dr. Sylvia Ortmann, Prof. Dr. Ulrich Sommer, Prof. Dr. Thomas Stützel, Prof. Dr. Oliver Tackenberg und Hilla Stadtbäumer von der Redaktion der »Sendung mit der Maus«.

FSC
Mix
Produktgruppe aus vorbildlich bewirtschafteten Wäldern, kontrollierten Herkünften und Recyclingholz oder -fasern
Zert.-Nr. SGS-COC-004278
www.fsc.org
© 1996 Forest Stewardship Council

Verlagsgruppe Random House FSC-DEU-0100
Das für dieses Buch verwendete FSC-zertifizierte Papier
Eurobulk von Biberist liefert Papier Union.

Gesetzt nach den Regeln der Rechtschreibreform

1. Auflage 2010

Lektorat: Barbara Welzel
Innenillustrationen und Fotos: Julie Sodré
Mausillustrationen: Ina Mertens
Umschlagkonzeption: schwecke.mueller Werbeagentur GmbH, München,
unter Verwendung einer Illustration von Julie Sodré
AW • Herstellung: AnG
Layout und Satz: Sabine Hüttenkofer, Großdingharting
Reproduktion: Wahl Media, München
Druck und Bindung: Těšínská tiskárna, a.S., Český Těšín
ISBN: 978-3-570-13857-1
Printed in the Czech Republic

www.cbj-verlag.de

Inhalt

40 Leben in Fluss und See

70 Das Leben im Gebirge

100 Lebensraum Strand und Meer

130 Lebensraum Wiese und Acker

Experimentieren und auf Entdeckungstouren gehen macht **Spaß.** Hierbei entdeckt ihr bestimmt viele spannende, neue Dinge. Die beschriebenen Experimente sind alle ungefährlich, aber es gibt trotzdem ein paar Sachen, die ihr beachten solltet: Bitte geht immer vorsichtig mit Essig, Messer und Schere um und achtet besonders am Ufer von Bächen oder Teichen darauf, dass ihr nicht abrutscht. Natürlich solltet ihr auf den Exkursionen nicht zu laut schreien, um die Tiere nicht aufzuschrecken. Anstatt Tiere oder interessante Pflanzen einzusammeln, genügt auch oft eine Zeichnung oder ein Foto, um sich das Aussehen einprägen zu können. So werden Tiere und Pflanzen am besten geschützt. Und jetzt kann es losgehen: **viel Spaß beim Beobachten und Erkunden!**

Die Ratschläge, Beschreibung und Durchführung der Versuche und Experimente in diesem Buch wurden von Autoren und Verlag sorgfältig erwogen und geprüft. Dennoch kann eine Garantie nicht übernommen werden. Eine Haftung der Autoren oder des Verlags und seiner Beauftragten für Personen-, Sach- und Vermögensschäden wird ausgeschlossen.

Lebensraum Wald

Bei dem Wort Wald denken wir automatisch an hohe Bäume, leckere Beeren, krabbelnde Ameisen und schöne Spaziergänge. Die Luft duftet nach Walderde und Moos. Oft stapeln sich am Rande der Wanderwege abgesägte Baumstämme, aus denen später in der Fabrik Papier oder Möbel hergestellt werden. Doch Wald ist nicht gleich Wald. Förster und andere Experten unterscheiden da sehr genau: Stehen in einem Wald vor allem Laubbäume wie Buche und Ahorn, handelt es sich um einen **Laubwald.** In **Nadelwäldern** hingegen gibt es vor allem Nadelbäume wie Fichten und Kiefern.
Welcher Wald an einem Standort wächst, richtet sich zum Beispiel danach, wie kalt oder warm es dort ist und wie viel Regen fällt. Aber auch nach dem Boden, auf dem er wächst, ob er sandig, lehmig oder voller verrottetem Pflanzenmaterial ist.

Die ursprünglichste Form ist der **Urwald.** Darunter versteht man große, zusammenhängende Waldgebiete, die vom Menschen völlig unberührt sind. Solche Urwälder sind zum Beispiel die riesigen Regenwälder am Amazonas in Südamerika. Bei uns, wo der Mensch seit einigen Tausend Jahren in die Natur eingreift, indem er rodet oder neu pflanzt, gibt es praktisch keinen Urwald mehr. In Europa finden sich nur noch vereinzelt kleine Reste im Osten von Polen und in Weißrussland. Am ehesten kommen einem typischen Urwald noch die Auenwälder nahe. Das sind kleine Waldgebiete mit Baumarten wie Weiden, Erlen und Pappeln, die in der Nähe von Flüssen liegen und mehrfach im Jahr überschwemmt werden.

Der Einfluss des Klimas

Über den Meeren bilden sich die meisten Wolken, sodass es in Küstengebieten oft regnet. Außerdem hält eine große Wassermenge lange ihre Temperatur. Das Wasser kühlt nur langsam ab, aber es erwärmt sich durch die Sonnenstrahlung auch nicht besonders schnell. Aufgrund dieser Eigenschaft beeinflussen große Wassermengen wie Meere die Lufttemperatur in ihrer Umgebung. Auch sie ändert sich nur langsam. Deshalb ist das Klima in Meeresnähe – das **maritime Klima** – relativ ausgeglichen, die Lufttemperatur schwankt also nur wenig. Die Folge sind nicht besonders kalte Winter, relativ kühle Sommer und viel Regen. Laubbäume wie Buchen und Eichen gedeihen in diesem Klima sehr gut.

Entfernt man sich von der Meeresküste und fährt weiter ins Innere eines Kontinents, ändert sich das Klima. Das liegt daran, dass sich eine Landfläche im Sonnenschein sehr schnell aufwärmt. Ist es aber dunkel, kühlt sie auch schnell wieder ab. Darum schwanken hier die Temperaturen zwischen Tag und Nacht stark und die Sommer sind heiß, die Winter frostig kalt. Dieses Klima wird **kontinentales Klima** genannt. Hier fühlen sich Tannen, Fichten und Kiefern – typische Bäume des Nadelwalds – wohl. Sie halten auch längerem Frost gut stand und wachsen deshalb oft in den Bergen. Selbst der trockene sandige Boden dort stört sie nicht.

Sonnenlicht lässt den Wald wachsen

Wenn die Menschen von heute auf morgen aussterben würden, gäbe es dann nach einiger Zeit in Europa nur noch Wald? Auch dort, wo jetzt Städte, Straßen, Wiesen und Felder sind?
Um das zu beantworten, müssen wir weit in die Vergangenheit zurückblicken. Früher gab es in Mitteleuropa fast überall Wald. Als die Menschen Verkehrswege und Felder anlegen wollten, haben sie die Wälder gerodet und den Boden bebaut. Wäre nun plötzlich kein Mensch mehr da, würde sich der Wald sein früheres Gebiet wieder zurückerobern. Das könnt ihr zum Beispiel dort sehen, wo in einem Waldstück Bäume gefällt wurden und eine Lichtung entstand. Hier passiert im Laufe der Zeit Folgendes: Die Sonne scheint auf die Lichtung und kleinere Bodenpflanzen, die vorher im Schatten der großen Bäume standen, können jetzt richtig wachsen. Nach und nach entwickeln sich aus heranfliegenden Samen auch kleine Sträucher, dann sprießen höhere Staudenpflanzen wie Fingerhut und Nachtkerze und später größere Sträucher wie der Holunder. Ganz zum Schluss setzen sich die großen Bäume durch, die den Waldboden überschatten.

Licht ist für jede Pflanze lebenswichtig, denn ohne Licht kann ein entscheidender Vorgang nicht ablaufen: die **Fotosynthese.** Dabei werden durch das Chlorophyll (Blattgrün) mithilfe des Sonnenlichts Kohlendioxid und Wasser in Sauerstoff und Traubenzucker verwandelt. Der Traubenzucker liefert der Pflanze Energie. Die Pflanzen speichern die Energie und verwenden sie für Wachstum, Blüte und die Bildung ihrer Früchte.

Das Sonnenlicht ist auch ein Grund dafür, dass in Laubwäldern mehr verschiedene Pflanzenarten wachsen als in Nadelwäldern. Da Laubwälder jeden Herbst ihre Blätter abwerfen, ist es hier im Frühling, wenn die Bäume noch kahl sind, im Unterholz recht hell. Dann wachsen dort kleine Waldkräuter wie Buschwindröschen und Veilchen. Wenn sich das Laub schließlich gebildet hat, sind die sogenannten Frühjahrsblüher bereits verblüht, haben Früchte gebildet und sich vermehrt. Sie warten dann im Schatten bis zum nächsten Frühling. Im Nadelwald, dessen Bäume auch im Winter ihre Nadeln behalten, ist es im Unterholz das ganze Jahr über ziemlich dunkel. Deshalb wachsen hier nur wenige Sträucher und Krautpflanzen; stattdessen findet ihr Farne, Moose und Pilze, die mit wenig Licht auskommen.

Lebensräume im Wald

Das Licht teilt den Wald in verschiedene Lebensräume ein. Die dunkle unterste Zone ist die **Boden- oder Moosschicht:** Hier ist ein riesiges Heer von Würmern, Insekten, Milben, Asseln und anderen Kleinsttieren ständig damit beschäftigt, welkes Laub, Nadeln und totes Holz in sogenannten Humus umzuwandeln, also in neuen Boden. Unter den Blaubeerzweigen und Grashalmen, die hier wachsen, können sich Mäuse, Frösche und Käfer vor ihren Verfolgern verstecken.

Die Beeren und Gräser, die in der bis zu einem Meter hohen **Krautschicht** wachsen, dienen vielen verschiedenen Tieren als Nahrung: Reh und Wildschwein fressen hier genauso wie viele Vögel und Insekten. Spinnen spannen ihre Netze auf und warten darauf, dass sich ihr Abendbrot darin verfängt, und unter den Wurzeln der großen Bäume haben Fuchs und Dachs ihre Baue.

In den Blättern und Ästen der **Strauchschicht,** in der besonders am helleren Waldrand sehr viele unterschiedliche Pflanzen wachsen, leben Haselmaus und Zwergspitzmaus. Hier nisten aber auch viele Singvögel, die mit den zahlreichen Fluginsekten ihre Brut füttern.

Die nächsthöhere und lichtdurchflutete **Baumschicht** wird von manchen Experten in den Stamm- und den Kronenbereich unterteilt. Im **Stammbereich** haben Specht und Kauz ihre Höhlen und der Kleiber huscht mit dem Kopf voran flink den Stamm hinab. Unter der dicken Rinde haben zahlreiche Asseln, Tausendfüßer und Käferlarven ein geschütztes Dasein. Im **Kronenbereich,** der obersten Waldzone, legen Krähen und Bussarde ihre Horste an, während zum Beispiel Eichhörnchen und Marder die Zweige der Baumkronen nutzen, um gewandt von Baum zu Baum zu flitzen.

Reh – flinker Flitzer im Gehölz

(Capreolus capreolus)

Rehe sind sehr scheu und in freier Natur nur selten zu entdecken. Erst bei Einbruch der Dämmerung verlassen sie einzeln oder in kleinen Gruppen ihr Ruhequartier im Unterholz, um auf Wiesen und Feldern zu äsen.
Im Sommer ist ihr Fell rotbraun, das dichtere Winterfell ist eher graubraun. Am Hinterteil, wo der kleine Schwanz sitzt, befindet sich ein runder heller Fleck, der sogenannte **Spiegel.**

Ein männliches Tier nennt der Jäger **Bock,** ein Weibchen heißt **Ricke** und die kleinen rötlich braunen, weiß getupften Jungen sind die **Kitze.** Die Böcke tragen ein kurzes, meist gabelförmiges Geweih, das sie im Herbst abwerfen.
Ab Dezember wächst es wieder neu und ist zunächst von einer Schutzhaut umgeben, die Jäger **Bast** nennen. Diese Haut reibt der Bock am Ende des Frühlings an Bäumen ab. Fachleute sagen, er »fegt« sie. Die kleineren Ricken haben kein Geweih.

Normalerweise leben Rehe in Wäldern mit größeren Lichtungen oder an Waldrändern. Oft äsen sie auf Feldern und Wiesen. Sie haben sich gut an den Menschen angepasst und kommen häufig sogar zur Mittagszeit, wenn die Bauern Pause machen, zum Fressen aus dem Wald. Am liebsten fressen sie Blätter, Gras und Kräuter, manchmal auch Beeren, Pilze, Bucheckern oder Eicheln.

Im Frühjahr nutzt der Bock die Bäume nicht nur, um an ihnen sein Geweih zu fegen, sondern versieht sie auch mit Duftmarken. So markiert er vor der Paarungszeit sein Revier. Andere Böcke riechen dann, dass dieses Revier schon von einem Rivalen besetzt ist.

Die Brunftzeit – die Zeit, in der sich die Rehe paaren – ist im Hochsommer. Dann ist im Wald das Bellen der Rehböcke zu hören. Es klingt fast so, als ob ein Hund bellt. Neuneinhalb Monate später bringen die Ricken ein bis zwei Kitze zur Welt.

Neugeborene Rehe bleiben versteckt in einem Lager liegen, das die Mutter in den ersten Tagen nur zum Säugen betritt. Zu dieser Zeit hat das Kitz noch keinen eigenen Körpergeruch und kann somit auch nicht von Feinden gewittert und angegriffen werden. Darum ist eines ganz wichtig: Solltet ihr einmal ein einsames Kitz finden, fasst es niemals an, sondern sagt dem Förster Bescheid. Vielleicht wurde das Kitz nicht verlassen. Dann würde der menschliche Geruch, den ihr beim Berühren an dem Kitz hinterlasst, die Ricke davon abhalten, zum Säugen zu ihrem Kind zurückzukehren.

Wildschwein (Sus scofra)

Aussehen: Wildschweine haben ein dichtes, struppiges, schwarzbraunes Fell – kein Wunder, dass der Jäger sie Schwarzkittel nennt. Ihr kräftiger, dreieckiger Kopf mit den großen Ohren und kleinen Knopfaugen endet in einer rüsselähnlichen Schnauze. Männliche Wildschweine, die Keiler, haben riesige, nach oben gebogene Eckzähne, die Hauer. Wildschweinferkel heißen Frischlinge und sind an ihrem hellbraunen Fell mit mehreren dunklen Längsstreifen zu erkennen.
Lebensraum: Die kräftigen Tiere leben überall, wo sie Futter und Deckung finden: im Wald, Sumpf, Flachland und Gebirge, sogar in der Nähe von menschlichen Siedlungen.
Lebensweise: Wildschweine, die Vorfahren unseres Hausschweins, leben oft in kleinen Gruppen, den sogenannten Rotten. Das sind Familienverbände aus mehreren Bachen (weibliche Wildschweine) samt ihrem frischen Nachwuchs und ihren Jungen aus dem Vorjahr. Keiler sind eher Einzelgänger, die nur zur Paarungszeit zu den Rotten stoßen. Tagsüber schlafen Wildschweine, gegen Sonnenuntergang geht's dann auf Futtersuche. Sie sind Allesfresser: Eicheln, Bucheckern, Kartoffeln und Kräuter schmecken ihnen genauso wie Würmer, Käferlarven und Vogeleier.

Wildschweine können in einem Sprung bis zu 2 m auf einmal zurücklegen. In freier Natur könnte ein Treffen daher gefährlich werden – besonders wenn die Frischlinge noch klein sind, greift die Bache furchtlos jeden an, der sich ihnen nähert.

Rotfuchs (Vulpes vulpes)

Aussehen: Kaum ein heimisches Raubtier ist so bekannt wie Reineke Fuchs, wie er im Märchen heißt. Dort gilt er nicht nur als cooler Schlaukopf, sondern auch als cleverer Hühnerdieb – dabei frisst er in Wirklichkeit fast nur Mäuse. Er hat ein rostrotes Fell sowie einen buschigen und spitz zulaufenden Schwanz. Bauch, Kehle und Schwanzspitze sind weiß, Füße und die Außenseite der Ohren schwarz. Im Schnee könnt ihr eine Fuchsspur daran erkennen, dass die Abdrücke der Pfoten in einer Linie schnurgerade hintereinander liegen. Jäger sagen deshalb, dass der Fuchs »schnürt«.
Lebensraum: Der Rotfuchs bewohnt Parks, Moore und Sandheiden, am liebsten aber mag er den Wald. Hier legt er im Boden seinen Bau an, der mehrere Wohnhöhlen und viele Ein- und Ausgänge hat.
Lebensweise: Rotfüchse sind Einzelgänger, die nachts oder in der Dämmerung jagen. Die Weibchen, Fähe genannt, bringen im Frühjahr 3–12 blinde Junge zur Welt. Sie öffnen nach 12–13 Tagen die Augen und verlassen nach einem Monat erstmals den Bau.

Da Füchse früher häufig Tollwut und den gefährlichen Fuchsbandwurm übertrugen, wurden sie damals einfach erschossen. Heute impft der Förster sie gegen Krankheiten.

Eichelhäher – ein Förster mit Flügeln

(Garrulus glandarius)

In Wäldern ist manchmal ein lauter, krächzender Schrei zu hören, der ein bisschen wie eine alte Holzratsche klingt. Das ist der typische Warnruf eines Eichelhähers, mit dem dieser Vogel seine Artgenossen, aber auch andere Tiere des Waldes alarmiert: Achtung, Mensch im Anmarsch! Dieser Alarmruf ist aber nicht der einzige Ruf, den der Eichelhäher parat hat: Er ist ein wahrer Täuschungsspezialist, der die Rufe von Mäusebussarden, Graureihern und anderen Vögeln nachahmen kann.

Der Eichelhäher ist ein **Rabenvogel** und somit ein naher Verwandter von Krähen und Elstern. Er wird etwa so groß wie eine Taube. Mit seinem auffällig braun-rosanen Gefieder an Bauch und Rücken und dem dunklen Schwanz kann man ihn auch im Geäst gut erkennen. In seinen schwarz-weißen Flügeln sitzen typisch hellblau-braun gestreifte Federchen.

Eichelhäher halten sich überwiegend in **Laub- und Mischwäldern** auf, ziehen aber immer häufiger in Gärten, Parks oder andere Stadtbereiche, in denen Laubbäume wachsen. Meist leben sie paarweise oder in kleinen Trupps. Der Häher brütet einmal im Jahr. Aus 5 – 7 Eiern, deren grünliche bis graugelbe Schale feine braune Tüpfelchen hat, schlüpft nach knapp drei Wochen der Nachwuchs. Weitere drei Wochen später sind die jungen Eichelhäher flügge.

Am liebsten mag der Eichelhäher **Eicheln,** denen er auch seinen Namen verdankt. Bis zu zehn kann er in seinem Kehlsack tragen, mitunter hält der Gierhals sogar noch eine zusätzliche Eichel im Schnabel. Aber auch Bucheckern, Beeren, Insekten, Würmer und sogar Eier oder junge Singvögel frisst er. Zum Schutz der Singvögel wurden Häher jahrelang von Jägern systematisch abgeschossen. Völlig übersehen haben die Vogelschützer dabei, dass der Eichelhäher im Wald eine wichtige Aufgabe hat: Im Herbst sammelt er Eicheln, Nüsse und Bucheckern und vergräbt sie als Wintervorrat einzeln im Boden. Weil er aber nicht alle versteckten Samen wiederfindet, wachsen aus ihnen häufig neue Bäume. Der Vogel ist also ein Förster mit Flügeln.

Waldkauz (Strix aluco)

Aussehen: Ein Waldkauz ist in freier Natur selten zu sehen: Die etwa taubengroße Eule jagt nämlich bei völliger Dunkelheit und verbirgt sich tagsüber im Geäst oder in kleinen Höhlen. Ansonsten erkennst du ihn am graubraunen Gefieder, am dicken Kopf und an den großen schwarzbraunen Augen.
Lebensraum: Waldkäuze leben in Wäldern, aber auch in Parks oder Siedlungen. Beim Aussuchen ihrer Bruthöhlen sind sie nicht wählerisch: Kauznester fand man in Baumhöhlen und Felsspalten, aber auch in Nistkästen oder alten Fuchsbauen. Im Frühjahr legt das Weibchen 3–5 Eier, die es in der leicht gepolsterten Nistmulde vier Wochen lang allein ausbrütet. 4–5 Wochen nach dem Schlüpfen werden Jungkäuze flügge.
Lebensweise: Waldkäuze jagen Mäuse und andere Nagetiere, aber auch Frösche, Eidechsen und Kleinvögel. Als geschickte Vogeljäger finden sie auch im Winter, wenn sich Mäuse nur schwer erbeuten lassen, genug Nahrung.

Auch wenn ihr ihn nicht sehen könnt, erkennt ihr den Waldkauz ganz gut an seinem lang gezogenen, dreisilbigen »Huuh-hu-huuuuuh«, dem charakteristischen Eulenruf. Aufgeregte Käuze geben ein lautes, hohes »Kju-Witt« von sich.

Buntspecht (Dendrocopos major)

Aussehen: Einen Buntspecht erkennt ihr gut an seinem schwarz-weißen Gefieder. Männchen haben einen roten Nacken. Auch ihr wippender, wellenartiger Flugstil ist unverwechselbar.
Lebensraum: Buntspechte sind Waldbewohner, leben aber auch in Parks und Gärten, in denen es viele alte Bäume gibt.
Lebensweise: Spechte hämmern mit ihrem Schnabel rasend schnell auf das Holz von Baumstämmen. Mit dieser lauten Trommelei verteidigen die Vögel ihr Revier, locken Partner an und zimmern Nisthöhlen, in denen sie 4–8 Eier ausbrüten. Im Sommer ernähren sich die kleinen Buntspechte von Käfern und Insektenlarven, die auf oder unter der Borke leben. Im Winter fressen sie Fichten- und Tannensamen. Dazu klemmen sie den Tannenzapfen in einen Spalt, meißeln die Schuppen mit dem Schnabel weg und holen sich so ihr Futter. Förster nennen solche Futterplätze »Spechtschmieden«.

Spechte mögen es gerne etwas lauter: Wenn sie in der Stadt keinen passenden Baum finden, trommeln sie schon mal an Regenrinnen oder Dachtraufen.

Hirschkäfer (Lucanus cervus)

Aussehen: Der Hirschkäfer ist der größte heimische Käfer, aber auch extrem selten. Die beiden großen rötlichen Oberkieferzangen der Männchen, die wie ein Hirschgeweih aussehen, gaben ihm seinen Namen. Sein Panzer ist glänzend und dunkelbraun.
Lebensraum: Hirschkäfer leben bevorzugt in Eichenwäldern.
Lebensweise: Im Juni und Juli schwärmen die Käfer nachts im Laubwald aus. Nach der Paarung legen die Weibchen neben morschen Eichenstümpfen ihre Eier in die Erde. Aus ihnen schlüpfen dicke weiße, wurmähnliche Larven, die bis zu 10 cm lang werden. Diese Engerlinge wachsen 5–8 Jahre lang und fressen totes Holz. Danach verpuppen sie sich. Die ausgewachsenen Käfer überwintern in der Puppenhülle und häuten sich im Frühjahr.

In der Paarungszeit kämpfen die Männchen um ein Weibchen. Die Rivalen gehen dann mit ihren Zangen aufeinander los und versuchen, den anderen wegzuschubsen. Der Sieger stellt sich über das Weibchen, bewacht es manchmal tagelang und paart sich mit ihm.

Borkenkäfer (Ips typographus)

Aussehen: Borkenkäfer sind kleine unauffällige Käfer, die aber im Wald große Schäden anrichten können. Eine häufige Art ist der Buchdrucker, auch Großer Fichtenborkenkäfer genannt.
Lebensraum: Borkenkäfer leben unter Rinden und Borken von Fichten.
Lebensweise: Während der Fortpflanzungszeit fliegt das Borkenkäfermännchen auf eine Fichte, in die es sich eine Art »Hochzeitskammer« hineinbohrt. Von dort lockt es mit Duftstoffen eine oder mehrere Partnerinnen an, die diesen Duftstoff einfach unwiderstehlich finden. Nach der Paarung frisst nun jedes Weibchen einen geraden, bis 15 cm langen Gang ins Holz, in den es 30–60 Eier ablegt. Aus den Eiern schlüpfen dann bis zu 4 mm lange Larven, die sich von dem großen Gang aus seitlich unter der Rinde durchnagen. Das Bild, das dieses Gewirr aus Gängen hinterlässt, erinnert uns an große Druckbuchstaben – daher hat der Käfer auch den Namen Buchdrucker.

Bei starkem Befall mit dem Borkenkäfer können die Bäume absterben. Zur biologischen Bekämpfung stellt der Förster Borkenkäferfallen auf, in die die Tiere mit dem gleichen Duftstoff geködert werden, mit dem der Buchdrucker seine Weibchen anlockt.

Waldameise – eine ausgezeichnete Baumeisterin

(Formica rufa)

Bestimmt habt ihr schon einmal auf einer Waldlichtung einen **Ameisenhaufen** gesehen, diesen kuppelförmigen Hügel aus Tannennadeln, feinen Ästchen und Erdkrümeln, über den Hunderte von kleinen flinken Ameisen scheinbar ziellos hin und her wuseln. Sehr häufig handelt es sich dabei um einen Bau der Roten Waldameise, der bekanntesten Ameisenart unserer Heimat. Die Tiere legen ihre Haufen an windgeschützten Stellen an, gerne in Nadelwäldern. Der Bau kann bis zu 1,5 m hoch werden und mit seinen zahlreichen Gängen und Kammern oft bis 2 m tief in die Erde hineinreichen.

Wie fast alle Ameisen lebt dieses Insekt in großen Völkern zusammen – manche **Ameisenstaaten** bestehen aus 500 000 bis 800 000 Tieren. Es gibt nur eine Königin, die ständig Eier legt, und unzählige Arbeiterinnen, die den Nachwuchs füttern, Beute machen, den Bau säubern, reparieren oder verteidigen. Königinnen werden oft bis zu 20 Jahre alt, Arbeiterinnen meist nur sechs – für Insekten aber auch schon ein recht hohes Alter! Die Arbeiterinnen kümmern sich intensiv um den Nachwuchs der Königin, sie lecken die Eier ab, damit sie nicht von Schimmelpilzen befallen werden, füttern die Larven und tragen Puppen wie Larven immer an solche Orte, die eine optimale Belüftung und Raumtemperatur haben. Pausen kennen Ameisen nicht, und daher ist es kein Wunder, dass sie als besonders fleißig gelten. Aus wenigen Eiern, speziellen »Königinneneiern«, wachsen neue Königinnen heran. Eine junge Königin gründet ihr neues Nest zunächst auf recht brutale Weise: Sie dringt in den Bau einer kleineren Ameisenart ein, bringt die alte Königin um und lässt anschließend ihre ersten Eier von den Arbeiterinnen des gerade eroberten Staates großziehen.

Da die Rote Waldameise viele Waldschädlinge erbeutet, genießt sie besonderen Schutz – Ameisenbauten dürfen nicht zerstört werden. Zum Schutz decken die Förster sie häufig mit Maschendraht ab. Allerdings können sich Ameisen mit einem Trick auch ganz gut selber wehren. Dazu krümmen sie ihren Hinterleib unter dem Körper nach vorne durch und verspritzen **Ameisensäure,** die stark brennt.

Zecken – gemeine Blutsauger

(Ixodida)

Wer an heißen Tagen im kühlen Schatten der Waldbäume durch das feuchte Unterholz schlendert, wird bei der Heimkehr manchmal ungebetene Gäste an seinem Körper vorfinden – unbemerkt haben sich ein paar Zecken in die Haut gebohrt und wollen sich nun mit Blut vollsaugen. Bei den **Holzböcken,** wie Zecken auch genannt werden, handelt es sich um **Spinnentiere.** Nur die Weibchen saugen Blut, das sie zur Bildung ihrer Eier brauchen. Vollgesaugt erreichen Weibchen eine Größe von bis zu 3 cm; dann kannst du ihren dunklen Rückenschild deutlich erkennen. Haben sie sich fett und satt gefressen, lassen sie sich zu Boden fallen, wo sie zahlreiche Eier – 1000 bis 3000 Stück – ablegen. Aus ihnen schlüpfen sechsbeinige Larven, die sich nach einer Weile zu Jungzecken **(Nymphen)** häuten, die bereits wie erwachsene Zecken – und übrigens alle Spinnentiere – acht Beine besitzen.

Im Speichel, den die Zecke vor dem Saugen in die Einstichstelle spritzt, sind mehrere Stoffe enthalten: Einer verhindert, dass das Blut gerinnt, denn sonst würde der **Stechrüssel** verstopfen, ein anderer wirkt als Klebstoff, sodass die Zecke nicht abfällt. Außerdem enthält Zeckenspucke ein Betäubungsmittel, damit wir – manchmal sogar tagelang – gar nicht merken, dass wir gebissen werden, sowie Entzündungshemmer, die unser Immunsystem überlisten. Daher jucken Zeckenbisse erst Stunden nach dem Biss.

Durch Zeckenbisse können die Erreger gefährlicher Krankheiten übertragen werden: Der sogenannte **FSME-Virus** kann zu einer speziellen Hirnhautentzündung führen und Lyme-Bakterien zu einer **Borreliose.** Gegen das FSME-Virus gibt es eine Schutzimpfung, gegen Borreliose nicht. Deshalb ist es wichtig, dass ihr nach einem Zeckenbiss frühzeitig zum Arzt geht, zum Beispiel wenn sich die Haut um die Einstichstelle kreisförmig rötet oder wenn ihr nach ein paar Tagen plötzlich Fieber, Kopfschmerzen und leichten Durchfall bekommt.

Raubspinnen **(Pisaura mirabilis)**

Aussehen: Raub- oder Listspinnen sind mittelgroße braungraue Spinnen, die an warmen Sommertagen auf Gras oder Brennnesseln gerne ein Sonnenbad nehmen. Typisch sind die langen Beine und der schlanke Hinterleib, der auf dem Rücken mit einer dunkel gerandeten Zackenbinde versehen ist.
Lebensraum: Raubspinnen mögen sonnige Waldwege und Waldränder, in allzu feuchten Lebensräumen findet man sie eher selten.
Lebensweise: Raubspinnen bauen keine Fangnetze, sondern jagen Insekten direkt nach. Im Juni paaren sich die Spinnen. Kurze Zeit später spinnt das Weibchen einen großen weißen Eikokon, in den es 100–300 Eier ablegt. Den Kokon schleppt es zwei Wochen unter dem Körper mit sich herum und hängt ihn dann in einem glockenförmigen Netz auf. Nach dem Schlüpfen bleiben die Spinnenkinder noch ein paar Tage in einem Haufen zusammen, bevor sie alleine losziehen.

Vor der Paarung im Juni ködert der Spinnenmann seine Partnerin mit einem »Brautgeschenk«: Dazu fängt er zum Beispiel eine Fliege, spinnt sie ein, nähert sich mit diesem Päckchen seiner Angebeteten und bietet es ihr an. Während sie daran herumsaugt, beginnt das Männchen mit der Paarung.

Wegschnecken **(Arion)**

Aussehen: Wegschnecken sind große, mit Schleim bedeckte Nacktschnecken, die eine Schleimspur hinterlassen. Vorne, auf dem Rücken ihres runzligen Körpers, haben sie ein großes, schwarzrandiges Atemloch. Auf den oberen Fühlern sitzen winzige Augen. Mit dem unteren Fühlerpaar können die Schnecken riechen und schmecken.
Lebensraum: Wegschnecken leben überall, nicht nur im Wald. Im Garten werden sie zu Fressmonstern, wenn sie mit ihrer Raspelzunge – die aus Hunderten von kleinen Zähnchen besteht – zarten Salat oder andere Pflanzensprösslinge vertilgen.
Lebensweise: Ab März seht ihr die ersten Wegschnecken, zwischen August und November ist Paarungszeit. Da sie als Zwitter männliche und weibliche Geschlechtsorgane haben, befruchten zwei Schnecken immer gleichzeitig die Eier ihres Partners. 8–13 Mal legen sie große Eiballen in der Erde ab, die bis zu 500 Eier enthalten. Je nach Jahreszeit schlüpfen die jungen Schnecken nach 20–40 Tagen. Im Herbst gelegte Eier überwintern. Die Tiere schlüpfen dann erst im Frühjahr. Am liebsten futtern sie frisches Grün und modriges Laub, doch kann es auch mal Aas oder Hundekot sein.

Wegschnecken haben keine Feinde. Der Grund ist ihr äußerst zäher Schleim, der den Schnabel eines Angreifers zukleistern kann. Das wissen die Vögel und lassen sie in Ruhe.

Fichte (Picea abies)

Merkmale: Fast die Hälfte der Waldfläche Deutschlands nimmt die Gemeine Fichte ein, wegen ihrer schuppigen, rotbraunen Rinde oft zu Unrecht »Rottanne« genannt. Dabei kann man Tanne und Fichte eigentlich gut unterscheiden: Bei Tannen wachsen die Nadeln vom Zweig nur zur Seite weg, bei Fichten quirlförmig um den Zweig herum. Fichten zählen mit 40 – 62 m Höhe zu den höchsten heimischen Bäumen, ihr Stamm kann einen Durchmesser von 1,5 m erreichen. Alle drei bis vier Jahre bilden sie zwischen Mai und Juni kleine männliche Einzelblüten und weibliche Blüten, die in Zapfen zusammenstehen. Nach der Bestäubung durch den Wind bilden sich braune, holzige Zapfen, die reif auf den Waldboden fallen.
Vorkommen: Fichten lieben ein feucht-kühles Klima und können sehr gut Frost vertragen, teilweise bis unter – 60 °C. Dafür sind sie jedoch anfällig für viele Krankheiten.
Wissenswertes: Weil Fichten rasch wachsen, sehr genügsam sind und ihr Holz gut verwertbar ist, sind sie die Lieblinge der Förster. Das Holz wird in der Bauindustrie, im Bergbau oder zur Herstellung von Papier und Streichhölzern verwendet.

Buche (Fagus sylvatica)

Merkmale: In unseren Laubwäldern und Parks werdet ihr vor allem die Buche – korrekt eigentlich Rotbuche – finden. Sie wird 30–45 m hoch und normalerweise etwa 300 Jahre alt. Die Bavaria-Buche bei Pondorf (Bayern) ist aber noch viel älter: ca. 500 – 800 Jahre alt. Die Bäume wachsen schlank nach oben, ihre Rinde ist glatt und hat kaum Risse und die Baumkrone ist weit ausladend. Ihre eiförmigen Blätter sind im Frühjahr blassgrün, im Sommer dunkelgrün. Im Herbst färbt sich Buchenlaub blassgelb, später orangerot bis rotbraun. Ihre dreieckigen Früchte, die Bucheckern, werden von vielen Tieren gefressen.
Vorkommen: Weil sie mit ihrer weiten Krone viel Schatten wirft, verhindert die Buche das Wachstum vieler Bodenpflanzen. In einem Buchenmischwald findet man daher auch wenig andere Bäume.
Wissenswertes: Der Begriff »Buchstabe« kommt von den Germanen, die vor knapp 2000 Jahren Schriftzeichen in Buchenholzstäbe schnitzten. Auch die ersten »Bücher« der Germanen waren nichts anderes als Schreibtafeln aus Buchenholz.

Eiche – der deutsche Baum

(Quercus robur)

Kaum ein Laubbaum ist in unserer Heimat so bekannt wie die Eiche, weshalb sie manchmal auch **Deutsche Eiche** genannt wird. Eichen könnt ihr kaum mit anderen Bäumen verwechseln: Ihre dicke, graubraune Rinde hat tiefe Längsfurchen und -risse. Die intensiv grün glänzenden, ledrigen Blätter haben einen gelappten Rand und verfärben sich im Herbst braun.

Auch ihre Früchte, die **Eicheln,** sind unverkennbar: Sie sehen wie lang gezogene Haselnüsse aus und haben jeweils ein »Hütchen« an ihrem kurzen Stiel. Sie werden von vielen Tieren wie zum Beispiel dem Eichelhäher gefressen und verbreitet. Stieleichen erreichen eine Höhe von 20–40 m, einzeln stehende Bäume können dabei sehr breite Stämme mit knorrigen Ästen bilden. Sie werden auch recht alt, etwa 500–1000 Jahre. Im Park von Ivenack (Mecklenburg-Vorpommern) steht die älteste noch lebende Eiche Deutschlands. Sie ist ungefähr 1200 Jahre alt.

Eichen haben kräftige, tief in die Erde reichende **Pfahlwurzeln.** Auf diese Weise sind sie gut im Boden verankert und werden bei einem Orkan nicht so leicht umgeweht. Außerdem können sie mit den Wurzeln an Grundwasser in größerer Tiefe gelangen und somit auch auf trockenen Böden wachsen.

In vielen alten Religionen galt die Eiche als heilig: Bei den Römern war sie der Baum des höchsten Gottes Jupiter, bei den Germanen war sie dem Donnergott Thor geweiht. Auch heute noch sind Eichen Symbole, die in vielen Wappen vorkommen. Eichenblätter zieren außerdem die Rückseite der kleinen Centmünzen (1, 2 und 5 Cent).

Weil Eicheln ein beliebtes Viehfutter waren und große Mengen Eichenholz für den Schiff- und Hausbau benötigt werden, wurden früher viele Eichenwälder vom Menschen angelegt. Das harte, hell- bis dunkelbraune Eichenholz lässt sich gut zu Parkett, Möbeln, Türen und Treppen verarbeiten, und auch im Kamin brennt es hervorragend. In Notzeiten hat man übrigens aus Eicheln »Muckefuck«, einen Kaffee-Ersatz, gebraut.

Steinpilz (Boletus edulis)

Merkmale: Steinpilze haben einen dicken, fleischigen Hut, der bei jungen Pilzen hellbraun und kugelig ist, sich bei älteren haselnuss- bis kastanienbraunen Exemplaren wie ein Polster flach aufwölbt und auf einem kugeligen oder keulenförmigen Stiel sitzt. Die porige gelbe bis olivgrüne Unterseite ist samtweich und ändert die Farbe auch dann nicht, wenn ihr fest hineindrückt – verfärbt sich der Pilz trotzdem unter Druck, heißt das:
Achtung, kein Steinpilz! Vielleicht giftig!
Vorkommen: Die leckeren Steinpilze wachsen von Mai bis Oktober in Nadel- und Mischwäldern, vor allem unter Fichten und Kiefern. Ihr findet sie aber auch in älteren Laubwäldern mit Buchen und Eichen, gelegentlich sogar im Heidekraut.
Wissenswertes: Wie viele Pilze lebt auch der Steinpilz in einer engen Beziehung zu einem Baum, zum Beispiel einer Fichte. Dabei wächst aus dem Pilz unterirdisch ein feines, watteartiges Geflecht, das sogenannte Myzel, zwischen die Wurzelspitzen eines Baums und umhüllt diese wie ein Strumpf. Der Baum nimmt dabei keinen Schaden, sondern hat auch etwas davon: Er wird mit Mineralstoffen versorgt. Biologen nennen diese nutzbringende Wechselbeziehung Symbiose.

Fliegenpilz (Amanita muscaria)

Merkmale: Genauso bekannt wie der Steinpilz ist der Fliegenpilz – ein wunderschöner, aber auch äußerst giftiger Bursche! Sein Markenzeichen ist der orangefarbene bis hellrote Hut, der bei jungen Pilzen kugelig, bei älteren wie ein Sonnenschirm geformt und mit weißen Flocken überzogen ist. Die weiße Schirmunterseite besteht aus vielen eng stehenden Leisten, den sogenannten Lamellen. Auch der Stiel ist weiß, schlank, innen meist hohl und hat einen schlaff herabhängenden Ring.
Vorkommen: Von Juli bis November findet ihr die roten Pilze einzeln oder in Gruppen im Laub- und Nadelwald, sehr gerne in der Nähe von Steinpilzen.
Wissenswertes: Fliegenpilzgift ist eine Mischung aus mehreren Wirkstoffen, die bei starker Vergiftung zu Ohnmacht und Atemstillstand führt. Seinen Namen hat der Fliegenpilz wahrscheinlich davon bekommen, dass man ihn früher zum Fangen von Fliegen verwendet hat. Dazu hat man den klein geschnittenen Pilz in gezuckerte Milch gelegt.

Moos

Merkmale: Moose sind kleine grüne Pflänzchen in dichten, samtweichen Polstern. Bau und Struktur könnt ihr nur mithilfe von Lupe oder Mikroskop erkennen; mit bloßem Auge sind manchmal Stämmchen, Blättchen und wurzelartige Strukturen zu sehen. Die Vermehrungsweise von Moosen ist sehr kompliziert, am häufigsten geschieht dies über Sporen. Oft ragen Gebilde aus den Polstern heraus, die an kleine Straßenlaternen erinnern – das sind gestielte Sporenkapseln, in denen die Sporen reifen.
Vorkommen: Moose wachsen an dunklen, feuchten Orten am Waldboden. Das rechts abgebildete Zypressenschlafmoos *(Hypnum cupressiforme)* ist wohl das häufigste Moos im Wald, wo es Steine, Baumrinde oder morsches Holz überzieht. Die langen gelb-olivgrün glänzenden Stängel erinnern aus etwas Abstand an kleine Zöpfchen. Im Mittelalter wurde es getrocknet als Kissenfüllung verwendet.
Wissenswertes: Für das Ökosystem Wald sind Moose wichtig, da sie in speziellen Hohl- und Zwischenräumen Wasser speichern und Nährstoffe aus dem Niederschlag filtern. Sie enthalten Stoffe, die Pilze und Bakterien töten, aber auch fraßhemmende Substanzen, die Schnecken und Insekten abschrecken. Die unscheinbaren Pflänzchen existieren schon seit Urzeiten, seit rund 350 Millionen Jahren!

Adlerfarn (Pteridium aquilinum)

Merkmale: Die hellgrünen großen Blattwedel des Adlerfarns sieht man überall im Wald. Manchmal wachsen seine Wedel bis zu 3 m hoch. Der Farn braucht drei Jahre, bis ihm voll ausgebildete Blätter wachsen, von denen jedes Jahr nur ein einziges neu gebildet wird. Junge Blattwedel sind noch wie ein Hirtenstab eingerollt. Wie alle Farne vermehrt sich der Adlerfarn nicht über Samen, sondern über winzige Sporen, die auf der Blattunterseite wachsen. Die unterirdische Kriechwurzel (Rhizom) kann sehr groß und sehr alt werden; Rekordwerte liegen bei 50 m Länge und 1000 Jahren!
Vorkommen: Adlerfarn kommt überall auf der Welt vor, außer in Wüsten oder am Polarkreis. Bei uns ist er sehr häufig, er liebt helle Wälder, Waldränder und Gebüsche. Geradezu massenhaft kann er in lichten Laub- und Nadelwäldern wuchern.

Der Adlerfarn ist äußerst giftig. Vergiftete Kühe bluten zum Beispiel aus Maul und Nase.

Aronstab (Arum maculatum)

Merkmale: Im Sommer seht ihr im Wald manchmal in der Krautschicht eine Pflanze mit knallroten Beeren, die wie Trauben auf einem Stängel sitzen. Das sind die giftigen Früchte des Gefleckten Aronstabs. Vorsicht, auch der Rest der Pflanze ist giftig! Die auffällige Blüte besteht aus einer grünlich weißen, tütenförmigen Hülle, dem Hochblatt (Spatha), aus der ein braunvioletter Kolben ragt. An diesem sitzen unten die weiblichen Blüten, darüber ein Kranz männlicher Blüten und ganz oben eine Reihe borstiger Blüten, die aber unfruchtbar sind. Seine dunkelgrünen Blätter erinnern an breite Pfeilspitzen und sind oft dunkel gefleckt.
Vorkommen: Der Aronstab liebt feuchte krautreiche Laubwälder, häufig findet man ihn in Hügellandschaften und Mittelgebirgen.
Wissenswertes: Zur Bestäubung hat der Aronstab eine clevere Falle entwickelt: Er verströmt Aasgeruch, der Fliegen oder Mücken anlockt. Kaum herangeflogen, rutschen diese von dem glatten Hochblatt ins Blüteninnere. Die oberen »Blütenborsten« verhindern ein Entkommen: Die Tiere müssen so lange umherkriechen, bis die Blüte bestäubt ist.

Fingerhut (Digitalis purpurea)

Merkmale: Überall, wo Bäume im Wald geschlagen werden, nutzen Pflanzen die neuen sonnigen Flächen, um sich auszubreiten. Das macht auch der Rote Fingerhut, der nach der Form seiner glockenförmigen Blüten benannt ist. Der Fingerhut ist eine zweijährige Waldblume: Im ersten Jahr wachsen die großen, grauweiß behaarten Blätter rosettenähnlich aus dem Boden heraus, im zweiten Jahr bildet sich der Blütenstand, eine bis 1,5 m hohe Traube aus purpurrot-violetten, gefleckten Blüten. Am Eingang der fingerhutähnlich geformten Blüten verwehren Sperrhaare den Zutritt für kleinere Insekten, sodass nur kräftige Hummeln an den begehrten Blütennektar herankommen. Dabei gelangt Pollen auf den Rücken der Hummel und mit ihr huckepack zur nächsten Blüte.
Vorkommen: Fingerhut findet sich auf Lichtungen und an Waldrändern. In vielen Bauerngärten wird er als Zierpflanze gehalten.

Roter Fingerhut enthält das Gift Digitalin, das den Herzschlag beeinflusst. Vorsicht: Schon der Verzehr von zwei oder drei Blättern kann tödlich sein. Die Medizin nutzt geringe Mengen des Wirkstoffs als Mittel gegen Herzschwäche.

Maiglöckchen (Convallaria majalis)

Merkmale: Ein Sträußchen Maiglöckchen ist das klassische Muttertagsgeschenk. Pflanzen, die man beim Blumenhändler kauft, stammen aber meist aus der Gärtnerei – im Wald wachsende Maiglöckchen sind geschützt und dürfen nicht gepflückt werden. Die krautige Pflanze hat zwei langstielige dunkelgrüne Blätter und einen kantigen Stängel, an dem die leuchtend weißen, glockenförmigen Blüten herabhängen und ihren süßen Duft verströmen. Der soll Insekten, vor allem Bienen, anlocken, die dann die Bestäubung durchführen. Die roten Beeren werden von Amseln und anderen Vögeln gefressen, die den Samen zusammen mit ihrem Kot ausscheiden. Dort wachsen dann neue Maiglöckchen.
Vorkommen: Maiglöckchen wachsen in Gruppen in leicht feuchten, lichten Eichen- und Buchenwäldern, aber auch in vielen Parks und Gärten.

Maiglöckchen enthalten ähnliche Wirkstoffe wie der Fingerhut und sind daher giftig. Aus ihnen hergestellte Medikamente werden ebenfalls zur Behandlung von Herzschwäche verabreicht.

Drüsiges Springkraut (Impatiens glandulifera)

Merkmale: Das Drüsige Springkraut wächst zwar bei uns fast überall, aber erst seit etwa 180 Jahren. Es stammt ursprünglich aus dem Himalaja und wurde 1839 nach England gebracht. Von dort gelangte es aus botanischen Gärten ins Freiland, wo es sich rasch vermehrte. Die Pflanze wächst in kürzester Zeit über 2 m hoch; so überschattet und verdrängt sie alle Nachbarpflanzen. Ihre purpurroten, rosafarbenen oder weißen Blüten hängen in einer Traube herab. In ihren Spornen wird viel zuckriger Nektar gebildet. Dieser Nektar, der intensive Duft und sehr süßer Pollen locken nun viele Bienen und Hummeln an.
Vorkommen: Springkraut wächst in großer Zahl auf feuchtem Boden, oft an Gewässerufern, an Waldrändern oder in Auwäldern.
Wissenswertes: Die reifen, lang gestreckten, kapselförmigen Früchte können ihre Samen mithilfe eines Schleudermechanismus, der schon durch leichte Berührung oder Regentropfen ausgelöst wird, wie kleine Gewehrkugeln bis zu 7 m weit schleudern. Da die Samen in großer Zahl gebildet werden und mehrere Jahre keimfähig bleiben, verbreitet sich das Springkraut auf diese Weise zusehends.

Wieso fallen im Herbst die Blätter von den Bäumen?

Im Herbst gibt es in der Natur besonders viele prächtige Farben. Sträucher und Bäume tragen bunte Früchte und die Blätter leuchten in Gelb- und Rottönen. Es ist lustig, den Blättern beim Tanzen im Wind zuzusehen oder selbst im Wald durch riesige Laubberge zu laufen. Aber warum fallen die Blätter in dieser Jahreszeit alle nach und nach von den Bäumen?

Fangen wir mal mit dem Frühjahr und Sommer an: In dieser Zeit bilden die Pflanzen in ihren Blättern **Traubenzucker** als wichtigsten Nährstoff. Dieser Traubenzucker liefert der Pflanze die Energie zum Wachsen und Blühen. Um den Traubenzucker zu bilden, brauchen die Pflanzen neben dem grünen Blattfarbstoff **Chlorophyll** noch die Energie des Sonnenlichts, Wasser und außerdem Kohlendioxid aus der Luft. Die Traubenzuckerbildung wird **Fotosynthese** genannt. Dabei entsteht auch der für uns Menschen lebensnotwendige Sauerstoff, den die Pflanzen an die Luft abgeben. Der Traubenzucker wird in der Pflanze entweder sofort verbraucht oder in den Blättern in kleine Stärkekörner umgewandelt. Diese Stärkekörner werden in Blättern, Trieben oder Früchten gespeichert.

Im Herbst ändern sich die Lebensbedingungen für die Bäume. Sie können nicht mehr so lange Fotosynthese betreiben, weil die Tage kürzer werden und die Sonne nicht mehr so viele Stunden am Tag scheint. Auch die Bildung des grünen Chlorophylls ist sehr aufwendig für den Baum. Deswegen wendet er jetzt einen genialen Trick an: **Er zieht den Farbstoff einfach aus den Blättern in seine Äste und den Stamm zurück und speichert ihn dort bis zum nächsten Frühjahr.** Dadurch erspart er sich die kraftaufwendige Neubildung im nächsten Jahr. Auch die Nährstoffe wie Traubenzucker, Stärke und Eiweiße werden aus den Blättern abtransportiert und im Stamm und den Ästen gespeichert.

Wenn den Blättern im Herbst das grüne Chlorophyll entzogen wird, werden für uns die anderen Blattfarbstoffe als tolle Herbstfärbung sichtbar. Hierzu gehören zum Beispiel gelbe und orangefarbene **Karotine,** die jetzt nicht neu gebildet worden sind, sondern im Frühjahr und Sommer von dem grünen Chlorophyll überdeckt waren. Außerdem gibt es noch einen roten Farbstoff, das **Anthocyan.** Dieser Farbstoff sorgt für die schöne rote Farbe der Herbstblätter und hat eine sehr wichtige Aufgabe. **Er ist sozusagen der Sonnenschutz der Blätter und sorgt wie ein Sonnenschirm dafür, dass die Blätter nicht zu viel ultraviolette Strahlung abbekommen.** Dieser unsichtbare Teil des Sonnenlichts verursacht nämlich nicht nur Sonnenbrand auf unserer Haut, zu große Mengen davon schaden auch den Blättern.

Dann bildet sich zwischen dem Blattstiel und dem Ast langsam eine Korkschicht, die für Nährstoffe und Wasser undurchlässig ist. Ist das Chlorophyll vollständig aus dem Blatt abtransportiert, wird die Verbindung zwischen Blatt und Zweig durch die Korkschicht ganz unterbrochen. Das Blatt ist sozusagen vom Baum abgetrennt, es findet keine Fotosynthese mehr statt und das Blatt wird nicht mehr versorgt. Nach einigen Tagen fällt es durch sein eigenes Gewicht oder beim kleinsten Windhauch ab und landet auf dem Boden. Hier verrottet es dann nach einiger Zeit.

Im Winter gibt es aber noch einen zusätzlichen Vorteil für die blattlosen Bäume: Ohne seine Blätter hat der Baum eine viel kleinere Oberfläche als ein belaubter Baum. Dadurch kann sich auch nicht so viel Schnee auf den Zweigen sammeln. Würde Schnee auf den Blättern liegen, wäre das Gewicht für viele Zweige und Äste zu groß und sie würden unter der Last abbrechen.

Übrigens: Während des Sommers saugen die Wurzeln große Mengen Wasser auf. Dieses Wasser steigt nach oben und transportiert auch Mineralien und Nährstoffe aus dem Boden bis in die Baumspitze. Hierbei verdunstet sehr viel Wasser über kleine Poren an den Blättern der Bäume. An einem heißen Sommertag kann ein älterer, großer Laubbaum über 300 Liter Wasser verdunsten. Das ist so viel, wie in eine große Badewanne passt.

Wie kommt der Kuckuck in das fremde Nest?

Sicher habt ihr schon mal den Kuckuck gehört! Sein Rufen ist ja kaum zu überhören! Hört man das »Gu-kuh« im Wald, ist das ein Zeichen, dass der Kuckuck aus Afrika zurückgekehrt ist und es Frühling wird. Aber so unverwechselbar sein Ruf auch ist, seine Eier sind es nicht. Die sind nämlich zum Verwechseln ähnlich, jedenfalls für viele andere Vögel, die die Kuckuckseier nicht von ihren eigenen Eiern im Nest unterscheiden können. Aber warum legt der Kuckuck seine Eier in fremde Nester und wie schafft er es, die anderen Vögel auszutricksen?

Der Kuckuck ist ein typischer **Zugvogel** und kommt in großen Teilen Europas und Asiens vor. Da er hier im Winter nicht genügend Nahrung findet, überwintert er in Afrika. Im Frühjahr kehrt er zu uns zurück. Da er selber keine Nester baut, beginnt er mit der Suche nach einem geeigneten fremden Nest. Bei der Suche hat er die Auswahl zwischen über 100 verschiedenen Vogelarten, die er als Wirt für seine eigenen Eier nutzen kann. Die **Wirtsvögel** sind die Vögel, in deren Nest das Kuckucksei gelegt wird und die später das Kuckucksküken füttern. Es sind also sozusagen die Adoptiveltern des Kükens.

Zuerst sucht das Kuckucksweibchen gezielt nach Nestern, die der Vogelart gehören, von der es selbst aufgezogen wurde. Ist das Weibchen zum Beispiel von einem Rotkehlchen ausgebrütet worden, sucht es jetzt auch nach einem Rotkehlchennest, denn seine Eier sind nur denen des Rotkehlchens sehr ähnlich. Das bedeutet, es kann die Eier des Rotkehlchens perfekt in Farbe und Sprenkelung imitieren. Zwar sehen die Kuckucksweibchen alle gleich aus, aber jedes Weibchen ist auf die Eier seiner eigenen Pflegeeltern spezialisiert und kann nur diese Eier exakt nachahmen.

Hat das Kuckucksweibchen ein passendes Nest gefunden, beobachtet es seine Besitzer genau. In einem unbewachten Augenblick fliegt das Weibchen zum Nest und dann geht alles ganz schnell. **Innerhalb von 10 Sekunden legt es ein Ei hinein und wirft ein anderes Ei aus dem Gelege heraus.** Damit versucht der Kuckuck seinen Eiertausch perfekt zu vertuschen. Wenn die Wirtseltern zum Nest zurückkehren, sind Anzahl und Aussehen der Eier gleich, nur eins der Eier ist ein bisschen größer. Aber das scheint vielen Vogeleltern nicht aufzufallen und sie brüten fleißig alle Eier aus.

Da sich das Kuckucksei schneller entwickelt als die Eier seiner Pflegeeltern, schlüpft das Kuckucksküken oft vor den anderen Küken. Obwohl er selbst noch nackt und blind ist, versucht sich der kleine Kuckuck sofort in dem Nest breitzumachen. Mit aller Kraft schiebt er die anderen Eier oder frisch geschlüpften Küken zum Nestrand und schubst sie hinaus.

Ist er nur noch allein im Nest, sperrt er seinen Schnabel mit dem orangeroten Rachen ganz weit auf und lässt sich füttern und füttern und füttern. Werden die Zieheltern zwischendurch misstrauisch, fängt er so laut und unwiderstehlich an zu betteln, dass sich die Pflegeeltern beeilen und sofort eifrig weiterfüttern. Die Bettelrufe des kleinen Kuckucks sind sehr erfolgreich, denn manchmal füttern sogar vorbeikommende andere Vögel diesen aufgesperrten hungrigen Rachen. Nach kurzer Zeit ist der Kuckuck viel größer als seine Zieheltern und manchmal ist der Größenunterschied so groß, dass sie auf dem Kopf des Kükens landen müssen, um das Futter in den aufgesperrten Schnabel zu schieben.

Übrigens: Der Kuckuck ist nicht der einzige Vogel, der seine Eier anderen unterschiebt. Weltweit sind ungefähr 100 Vogelarten bekannt, die ihre Eier von fremden Eltern ausbrüten lassen. Hierzu gehören zum Beispiel auch die Witwenvögel, die Kuhstärlinge, die Honiganzeiger und sogar eine Entenart.

Der Kuckuck braucht also keine Zeit in eine aufwendige Nistplatzsuche, den Nestbau, die **Brutpflege** und das Füttern seiner Jungen zu stecken. Er kann seine ganze Kraft darauf verwenden, möglichst viele Eier zu legen. Und das machen die Kuckucksweibchen auch. Bis zu 25 Eier legen sie in fremde Nester, während die meisten anderen Singvögel nur 5–7 Eier legen. Werden Nester von Raubvögeln, Eichhörnchen oder Katzen geplündert, ergibt sich noch ein weiterer Vorteil für den Kuckuck. Er verliert nicht seine ganze Brut, sondern nur ein einziges Ei.

Wie sieht ein Ameisenhaufen von innen aus?

Wenn ihr durch den Wald geht, stoßt ihr vielleicht auch auf eine ganz besondere Kreuzung: Eine Ameisenstraße verläuft quer über den Waldweg und verschwindet zwischen den Bäumen. Diese Ameisenstraßen führen in die Jagd- und Sammelgebiete der Ameisen und zum Ameisenhaufen, in dem bis zu eine Million Ameisen leben können. Wenn ihr von außen auf den ein bis anderthalb Meter hohen Haufen und das Gewimmel der geschäftigen Insekten guckt, fragt ihr euch vielleicht, wie es denn wohl im Inneren des Baus aussieht.

Von außen sind die Bauwerke aus Nadeln und Holzstückchen schon gewaltig, ihre Ausdehnung unter der Erde ist aber mindestens noch mal so groß. Das Ameisenvolk lebt nämlich halb über Tage und halb unter Tage. Im Innern des **Baus** erinnert einiges an ein Bergwerk: Viele lange Gänge graben sich wie Stollen durch den Waldboden und führen in die Tiefe zu verschiedenen **Kammern,** die alle zu ganz bestimmten Zwecken gebaut wurden.

In einer Kammer sitzt die **Ameisenkönigin** und geht ihrer einzigen Aufgabe nach, dem Eierlegen. Das kann sie sehr gut, denn oft legt sie zwei Eier in der Minute. Die Eier werden sofort von den **Arbeiterinnen** aus der Königskammer in eine Brutkammer gebracht. Es gibt mehrere Brutkammern, die an verschiedenen Stellen im Ameisenbau liegen und je nach Höhe und Lage unterschiedliche Temperaturen haben. Die Arbeiterinnen bringen die Eier immer zu der Brutkammer, die gerade das optimale Klima für die Entwicklung der Eier hat. Sind die kleinen **Larven** geschlüpft, werden sie von den Arbeiterinnen gefüttert, gepflegt und hin und her transportiert, sodass sie immer in der Kammer sind, die gerade die optimale Temperatur hat. Die Arbeiterinnen kümmern sich um die Larven, bis sich diese verpuppen. Die verpuppten Larven fressen und bewegen sich nicht. Es sieht so aus, als würde nichts passieren, aber während der Verpuppung verwandeln sich die Larven zu voll entwickelten Ameisen. Diese Verwandlung kennt ihr vielleicht schon von Schmetterlings-

raupen, die nach der Verpuppung als Schmetterlinge schlüpfen. Für die Ameisenpuppen steht wieder ein Umzug an, denn sie werden jetzt in die spezielle Puppenkammer gebracht. Diese liegt oft ziemlich weit oben in der Kuppel des Ameisenhaufens, wo es schön warm ist. Hier verbringen die **Puppen** dann ihre Zeit bis zum Schlüpfen.

Neben den Aufzuchtkammern gibt es noch verschiedene Vorratskammern. Darunter auch welche, die für den Wintervorrat oder die erste Zwischenlagerung der Nahrung geeignet sind. Ameisen sind richtige Allesfresser. Sie erbeuten Raupen, Spinnen, Fliegen und Käfer und sammeln Früchte und verschiedene Samen. Und sogar Abfallkammern sind vorhanden, in der die Reste von erbeuteten Insekten und tote Artgenossen bis zum Abtransport aufbewahrt werden.

Übrigens: Es gibt auch Ameisen, die ihre Bauten nicht auf oder unter der Erde anlegen. Die Weberameisen bauen ihre Bauten zum Beispiel in den Baumwipfeln. Hierzu ziehen sie sich Blätter von allen Seiten heran und verweben sie mit einem Spinnfaden. Um größere Abstände zwischen den Blättern zu überwinden, bilden sie oft lange Ketten aus ihren eigenen Körpern. Die Luftbrücke ist lang genug, wenn eine Ameise an ein Blatt heranreicht und es zu dem Rand des anderen Blatts herüberziehen kann.

Die Ameisen krabbeln über verschiedene Eingänge in den Bau. Da diese Eingänge wie Türen verschließbar sind, können die Ameisen die Temperatur in ihrer Behausung selbst regeln. Ist es draußen kühl, werden alle Eingänge schnell verschlossen, bei höheren Temperaturen stehen sie weit offen, sodass die Gänge gut belüftet werden. Manchmal transportieren die Ameisen auch kleine Wassertropfen zum Verdunsten in den Bau oder sie stellen sich selbst in die Sonne, heizen ihre Körper richtig auf und geben die so gespeicherte Wärme erst tief in den Kammern des Baus wieder ab. Der Ameisenhaufen ist also eigentlich so etwas wie eine gut klimatisierte und großzügig ausgebaute, riesige Wohngemeinschaft.

Warum können Eulen ihren Kopf so weit drehen?

Wenn ihr eine Eule oder einen Kauz im Wald oder im Zoo entdeckt, könnt ihr manchmal etwas Ungewöhnliches beobachten: Die Eule sitzt still und regungslos auf einem Ast, aber irgendwie sieht sie seltsam aus. Und wenn ihr ganz genau hinschaut, stellt ihr fest, dass die Eule ihren Kopf ganz weit verdreht hat. Eulen können den Kopf nämlich so weit nach links drehen, dass sie über ihre rechte Schulter schauen können. Oder über ihre linke, wenn sie ihren Kopf nach rechts drehen. Ihr fragt euch sicher, wie das möglich ist.

Aber erst mal ganz von vorn: Wenn ihr eine Eule anschaut, dann könnt ihr ihr direkt in beide Augen schauen. Das ist bei anderen Vögeln nicht möglich, denn die haben ihre Augen seitlich am Kopf. Nur die großen **Eulenaugen** sind starr und unbeweglich nach vorn gerichtet und nehmen etwa ein Drittel des gesamten Kopfes ein. **Die beachtliche Größe der Augen ist sehr wichtig für die Eule, denn so können die Augen besonders in der Dämmerung viel Restlicht einfangen** und auch bei schlechten Lichtverhältnissen noch Einzelheiten erkennen. Hätten wir Menschen so große Augen, wären sie ungefähr so groß wie ein Apfel.

Auch die Anordnung der Augen ist vorteilhaft für die Eule. Weil beide Augen nach vorn ausgerichtet sind, überdecken sich die Sehfelder der beiden Augen zum großen Teil. Das **Sehfeld** ist der Bereich, in dem ein Auge, ohne sich zu bewegen, etwas sehen kann. Dort, wo sich die Sehfelder von zwei Augen überlappen, ist ein besonders gutes **räumliches Sehen** möglich und Entfernungen können gut eingeschätzt werden. Das hilft beim gezielten Zupacken, denn bei Fehleinschätzungen würde man danebengreifen. Das passiert Eulen aber nie.

Allerdings haben die unbeweglichen, starren Augen auch einen Nachteil. Das **Gesichtsfeld,** also der gesamte Bereich, den die Eule mit beiden Augen sehen kann, ist relativ klein.

Es beträgt nur ungefähr 110°. Der Mensch hat ebenfalls nach vorn gerichtete Augen, die er aber bewegen kann. Dadurch ist das menschliche Gesichtsfeld immerhin 190° groß. Um die Unbeweglichkeit der Augen auszugleichen, haben die Eulen einen extrem **beweglichen Hals**. Eigentlich wirken Eulen auf den ersten Blick eher halslos, weil der Hals durch das dichte Gefieder kaum zu erkennen ist, aber er besteht aus 14 Halswirbeln, die s-förmig angeordnet sind und von einer speziellen Muskulatur bewegt werden. Hierdurch kann die Eule **ihren Kopf horizontal um 270° drehen, sich also von hinten über die andere Schulter schauen.** In der vertikalen Ebene kann sie ihren Kopf so drehen, dass ihr Schnabel senkrecht nach oben zeigt.

Neben dem Sehen ist für die Eulen auch das **Gehör** extrem wichtig, da ihnen ihre Augen beim Jagen in absoluter Dunkelheit auch nicht mehr genügend Information liefern. Und auch hier ist der drehbare Hals vorteilhaft. So wie die Augen sind auch die Ohren nach vorn gerichtet und liegen mit den Augen auf fast der gleichen Höhe, nämlich hinter dem sogenannten **Gesichtsschleier.** Das ist ein Kranz aus Federn, der wie eine Satellitenschüssel die Schallwellen der Umgebung sammelt und zur Ohröffnung weiterleitet. **Dadurch sind die Ohren ungefähr zehnmal so empfindlich wie unsere Ohren.** Mit der Drehung des Kopfes wird der Gesichtsschleier immer genau so eingestellt, dass möglichst viele Schallwellen eingefangen werden und die Eule die genaue Position der Beute bestimmen kann.

Übrigens: Neue Forschungen haben gezeigt, dass Eulenaugen kein besonders gutes Auflösungsvermögen haben. Das bedeutet, dass eine Eule beim Augenarzt die kleinsten Buchstaben, die ihr noch lesen könnt, nicht mehr erkennen könnte. Für die Eule müsste der kleinste Buchstabe dafür erst zehnmal vergrößert werden.

Tierspuren in Gips gießen

Wenn ihr Glück habt, könnt ihr bei einem Waldspaziergang Tiere wie Eichhörnchen und Rehe beobachten. Oft findet man aber nur Spuren der Waldbewohner, da sie sich tagsüber in ihrem Versteck aufhalten und erst nachts herauskommen. Wenn ihr aufmerksam den Boden absucht, werdet ihr bestimmt schnell die sogenannten Fährten entdecken. Mithilfe von Gips könnt ihr einen Abdruck der Fährte machen und mit nach Hause nehmen.

Hierfür braucht ihr:

- 1 deutliche Tierfährte auf dem Waldboden
- 1 kleinen Rucksack oder 1 Tasche
- 1 dünnen Pappstreifen, ca. 5 cm breit und 20 cm lang
- 2 Büroklammern
- 1 kleine Kunststoffflasche mit Leitungswasser
- 1 Löffel
- 1 Schüssel
- 1 Packung Gips
- Zeitungspapier
- 1 Fährtenbuch oder Zugang zum Internet

Der beste Zeitpunkt für dieses Experiment:
Dieses Experiment ist für das ganze Jahr geeignet.

So wird es gemacht:

- Packt vor dem Waldausflug alle Utensilien für das Experiment in den Rucksack.
- Sucht eine deutlich sichtbare Tierspur auf dem Waldboden.
- Säubert den Abdruck, indem ihr Blätter und Tannennadeln entfernt.
- Formt aus dem Pappstreifen einen Ring und drückt ihn rund um den Abdruck in die Erde.

- Heftet den Pappring an zwei Stellen mit den Büroklammern zusammen.
- Gebt etwas Gipspulver und Wasser in die Schüssel.
  Lest dazu die Anleitung auf der Gipspackung.
- Rührt das Gemisch so lange, bis ein zähflüssiger Brei entsteht.
- Gießt den Gipsbrei in die Pappform.
- Wartet, bis der Gips hart ist. Das kann eine halbe Stunde dauern.
- Hebt den Abdruck mit der Pappform vorsichtig hoch.
- Wickelt ihn zum Transport in Zeitungspapier ein.
- Lasst ihn zu Hause über Nacht trocknen.
- Entfernt den Pappring.
- Versucht in dem Buch oder im Internet herauszufinden, von welchem Tier der Abdruck stammt.

Das könnt ihr beobachten:

Der Gips läuft in alle Vertiefungen des Abdrucks und härtet aus. Dadurch bleibt die Tierspur als Abdruck erhalten und kann mit den Vorlagen aus dem Buch verglichen werden.

Tipp:

Wenn ihr häufiger Abdrücke von Tierspuren macht und sie aufbewahrt, könnt ihr eine tolle Sammlung anlegen. Sehr oft findet man auch gut erhaltene Tierspuren am Ufer von Teichen oder Flüssen, weil die Tiere hier beim Trinken für längere Zeit auf nassem Boden stehen.

Wenn Ameisen Säure spritzen

Sucht im Wald einen Ameisenhaufen und beobachtet ihn. So könnt ihr verfolgen, wie wirkungsvoll sich Ameisen gegen Feinde wehren. Zum einen beißen sie mit ihren kräftigen Kiefern zu, zum anderen versprühen sie auch eine Säure aus einer Drüse am Hinterleib, die Ameisensäure.

Hierfür braucht ihr:

- 1 Ameisenhaufen
- 1 blauviolette Blüte, zum Beispiel von Veilchen, blauer Glockenblume oder Küchenschelle; ersatzweise könnt ihr auch einen Streifen weißes Löschpapier in Rotkohlsaft tauchen und mitnehmen

Der beste Zeitpunkt für dieses Experiment:
Dieses Experiment eignet sich für das Frühjahr und den Sommer.

So wird es gemacht:

- Legt die Blüte oder das Papier auf den Ameisenhaufen.
- Beobachtet genau, was passiert.

→ **Das könnt ihr beobachten:**

Nach kurzer Zeit kommen viele Ameisen zu der Blüte (oder dem Papierstreifen), weil sie einen Eindringling, einen Feind vermuten. Sie krabbeln auf den Eindringling, beißen zu und stellen sich so hin, dass ihr Hinterleib zur Blüte gerichtet ist. Dann spritzen sie etwas aus einer Drüse ihres Hinterleibs auf den »Feind«. Wo diese Säure auf die Blüte trifft, verfärbt sich die Stelle rot. Wenn ihr genau schaut, könnt ihr beobachten, wie weit die Ameisen die Säure verteilen können. Bis zu 1 m weit können sie die Säuretröpfchen versprühen. Wenn ihr an der Blüte oder dem Papier riecht, könnt ihr den Säuregeruch wahrnehmen. Die Ameisensäure riecht ziemlich stark nach Essig.

Tipp:
Nehmt ein Stöckchen und entfernt die Blüte wieder ganz vorsichtig von dem Ameisenhaufen, damit die Tiere nicht unnötig gestresst werden.

Leben in Fluss und See

Im Gegensatz zu Ozeanen sprechen wir bei Gewässern auf den Kontinenten von Binnengewässern. Zu ihnen zählen tiefe und flache Seen, Teiche, Tümpel, Moorseen, Pfützen, Weiher und Wassergräben, aber auch reißende Bergbäche, Flüsse und viele Tausend Kilometer lange, träge Ströme wie die Donau oder der Nil in Afrika. Wie in den großen Ozeanen der Erde wimmelt es auch in unseren Bächen, Flüssen und Seen nur so von Leben. Hier tummeln sich Fische, auf schwimmenden Seerosen sitzen Frösche, die wie die Molche sowie einige Insekten ihre Eier im Wasser ablegen. Und auch viele Vogelarten und Säugetiere leben im oder am Wasser und ernähren sich von Fischen und anderen im Wasser lebenden Kleintieren.

Welche Tier- und Pflanzenarten in einem Gewässer leben, hängt in erster Linie davon ab, ob es sich um ein stehendes oder fließendes Gewässer handelt und wie schnell das Wasser fließt. Auch die Wassertemperatur ist entscheidend und dass das Gewässer sauber ist!

Anpassung an das Leben am und im Wasser

Tiere, die im oder am Wasser leben, unterscheiden sich von nur an Land lebenden Tieren hinsichtlich ihrer **Fortbewegung.** Da wären zum Beispiel die Wasservögel wie Enten und Schwäne: Die Alleskönner können fliegen, aber auch behäbig an Land herumwatscheln. Doch am liebsten schwimmen sie. Dazu haben sie zwischen den Zehen Schwimmhäute, die ihnen das Paddeln erleichtern. Und damit sich ihre Federn nicht voll Wasser saugen, haben Wasservögel Bürzeldrüsen, die eine ölige Flüssigkeit ausscheiden, mit der sie ihr Gefieder einfetten. Tiere, die wie Fische ausschließlich im freien Wasser leben, brauchen hingegen überhaupt keine Beine, die ihren Körper tragen. Das erledigt der Auftrieb des Wassers – sie schweben. Zur Fortbewegung haben sie kräftige Flossen.

Eine weitere Anpassung an das Leben im Wasser betrifft die **Atmung.** Säugetiere atmen wie wir Menschen mit Lungen, was unter Wasser nicht möglich ist, und Insekten haben sogenannte Tracheen, über die sie den Sauerstoff aus der Luft aufnehmen. **Aber genau das können Fische, Muscheln und Wasserschnecken nicht: Sauerstoff aus der Luft atmen. Darum haben sie keine Lunge, sondern Kiemen.** Mithilfe dieses Organs können sie den im Wasser gelösten Sauerstoff aufnehmen. Und wieder andere Tiere halten es zwar lange unter Wasser aus, müssen aber letztendlich zum Atmen an die Wasseroberfläche kommen. Dazu zählen Frösche, Molche, Schwimmkäfer und einige Insektenlarven. Manche wasserliebenden Tiere nutzen das Wasser auch bei ihrer **Fortpflanzung.** Ihre Jungen entwickeln sich ausschließlich im Wasser wie zum Beispiel die Kaulquappen.

Aber nicht nur die Tiere haben sich an das Leben im Wasser angepasst, sondern auch die **Wasserpflanzen.** Im Gegensatz zu Landpflanzen brauchen sie keinen stabilen Stängel oder Stamm, der sie trägt. Sie treiben im Wasser und kleine Luftblasen im Gewebe verhindern, dass ihre Blätter einfach absinken.

Süß- und Salzwasser?

Wer schon einmal am Meer war, weiß es: Meerwasser ist salzig. Deshalb wird es auch als **Salzwasser** bezeichnet. Wasser, das nicht salzig schmeckt, bezeichnen wir als **Süßwasser.** Allerdings ist es nicht süßlich – nur eben nicht salzig. Süßwasser finden wir in Bächen, Flüssen und Seen. Auch das Grundwasser tief in der Erde zählt dazu. Und das Eis der Gletscher in den Bergen oder auf der Insel Grönland ist aus gefrorenem Süßwasser. Salzwasser und Süßwasser unterscheiden sich aber nicht nur im Geschmack, sondern auch in vielen anderen chemischen und physikalischen Eigenschaften. Darum gibt es nur wenige Tiere wie zum Beispiel den Aal und den Lachs, die sowohl in Meerwasser als auch im Süßwasser der Flüsse und Seen leben können. Ein Gemisch aus Salz- und Süßwasser, wie es dort vorkommt, wo Flüsse ins Meer münden, nennt man übrigens **Brackwasser.**

Am ruhigen See

Seen, Weiher und Teiche zählen zu den **Stillgewässern.** Als still werden diese Gewässer deshalb bezeichnet, weil das Wasser nicht in Bewegung ist oder nur so langsam fließt, dass man es kaum merkt. In dieser Ruhe laichen Frösche, Kröten und Molche. Auf der Wasseroberfläche schwimmen die Blätter von Seerosen und anderen Schwimmblattpflanzen und an den Ufern gedeihen Schilf, Rohrkolben und viele andere Sumpfpflanzen. Im freien Wasser schweben mikroskopisch kleine Algen und winzige Tiere wie Wasserflöhe. Karpfen ziehen ihre Runden und in Ufernähe lauert der Hecht auf Beute.
Andere Tiere haben sich auf ein Leben auf und unter der Wasseroberfläche spezialisiert: Flink laufen Wasserläufer hin und her, auch Enten, Gänse, Schwäne, Teichhühner und andere Wasservögel paddeln über das Wasser.

Und nicht zuletzt leben auch im Schlamm am Grund der Seen Zuckmückenlarven und verschiedene Würmer. Der bekannteste ist Tubifex. Jeder, der ein Aquarium hat, kennt die langen, dünnen roten Würmer.

Leben in der Strömung

Weniger gemütlich geht es in einem fließenden Gewässer zu. Bergbäche sind in Quellnähe kalt und erwärmen sich erst nach und nach. Zudem fließt das Wasser unterschiedlich schnell: Je weiter von der Quelle weg, umso langsamer wird es. Aus diesem Grund leben im reißenden Oberlauf von Bächen andere Fische als im unteren Bereich. Wo die Strömung stark ist, müssen Tiere und Pflanzen aufpassen, dass sie nicht einfach davongetragen werden. Hier leben Fische wie Lachse und Forellen. Forellen sind kräftige Schwimmer, die sogar gegen die Strömung schwimmen können. Ihr Körper ist torpedoförmig, damit er dem Wasser nur wenig Widerstand entgegensetzt.
Kleinere Tiere wie die Larven von Insekten haben ganz andere Tricks entwickelt, um sich festzuhalten. Die Larven der Lidmücken saugen sich zum Beispiel mit Saugnäpfen am Untergrund fest. Die Larven einiger Eintagsfliegen nutzen den Umstand, dass sich auf der Oberfläche von Steinen, über die das Wasser fließt, eine wenige Millimeter starke Schicht bildet, in der das Wasser gebremst wird und sich daher kaum bewegt. Diese Larven sind ganz flach und ducken sich fest an den Untergrund, sodass die Strömung sie nicht davonträgt.

→ **Aber die meisten Tiere in Fließgewässern leben unter und zwischen den Steinen, wo sie vor der Strömung geschützt sind.** Nehmt einmal einen flachen Stein aus einem Bach heraus und schaut euch an, was auf der Unterseite alles krabbelt und wimmelt. Hier am Bachboden, wo das Wasser fast steht, wachsen auch die jungen Forellen heran.

Der älteste und tiefste See der Erde ist übrigens der Baikalsee in Sibirien. Er ist über 1600 m tief. Im Vergleich dazu ist der Bodensee nur 254 m tief. Der See mit der größten Fläche ist in Mitteleuropa der Plattensee in Ungarn (594 km^2), der zweitgrößte ist der Genfer See in der Schweiz (582 km^2) und an dritter Stelle kommt der Bodensee (535 km^2).
Auch bei den Flüssen gibt es Riesen und Zwerge. Der längste Fluss der Erde ist der Nil (6670 km), dicht gefolgt vom Amazonas (6448 km). Auch die Donau kann sich mit einer Länge von 2852 km sehen lassen. Der Rhein bringt es immerhin auf 1320 km.

Biber – ein kleiner Teichingenieur

(Castor fiber)

In einem **Auwald** kann es beim Wandern entlang eines langsam fließenden Flusses passieren, dass ihr plötzlich vor einem See steht. Dann haltet Ausschau, ob dort ein Biber am Werk ist. Er baut nämlich kleine **Dämme** und staut auf diese Weise das Wasser auf, um mitten in dem entstandenen Stausee eine geräumige Biberburg aus abgenagten Ästen, Zweigen und Schlamm anzulegen. Der Eingang liegt dabei unter der Wasseroberfläche, aber die gemütlichen Kammern in der Burg liegen über dem Wasserspiegel und somit im Trockenen. Hier kommen die Jungen zur Welt. Manchmal wohnen Biber aber auch in Gängen und Höhlen, die sie in steile Uferböschungen graben. Das kann dazu führen, dass ufernahe Wege einfach wegbrechen.

Biber sind die größten **Nagetiere** Europas. Sie können über 1 m groß werden und 30 kg wiegen. Das Fell ist braungelb, die Füße sind kurz und die Ohren klein. Die Augen sitzen hoch am Kopf, so können die Tiere auch beim Schwimmen die Umgebung beobachten. Mit den Schwimmhäuten an den Hinterpfoten paddeln sie unter Wasser. Dabei benutzen sie ihren flachen breiten Schwanz als Steuerruder. Bis zu 20 Minuten können Biber unter Wasser bleiben. Dabei verschließen sie Ohren und die Nase.

Die **nachtaktiven** Tiere sind reine **Pflanzenfresser.** Bis zu 300 Pflanzenarten stehen auf ihrem Speiseplan. Dazu zählen auch Bäume. Um an deren saftige Blätter, Knospen und Zweige zu kommen, fällen Biber die Bäume kurzerhand. Dazu nagen sie die Stämme auf einer Höhe rundum an, bis in der Mitte nur noch ein kleiner Steg stehen bleibt. Der Stamm sieht aus wie eine Sanduhr. Wird dann noch weiter an dem Baum genagt, fällt er um und die saftigen Sprosse liegen dem Biber plötzlich zu Füßen.

Früher waren Biber über ganz Europa verbreitet und recht häufig. Sogar gegessen hat man sie: Mönche verspeisten die fleißigen Säugetiere während der Fastenzeit, in der Christen eigentlich kein Fleisch essen dürfen. Die Mönche dachten nämlich, dass Biber Fische seien, weil sie einen schuppigen Schwanz haben. Aber auch wegen ihres dichten Fells und ihres Fetts wurden Biber gejagt. Heute leben bei uns wieder einige Tausend Biber, zum Beispiel an der Donau, an der Elbe, am Inn und am Lech.

Fischotter (Lutra lutra)

Aussehen: Der Fischotter ist ein im Wasser lebender Marder. Er hat kurze Beine und einen über 1 m langen, gestreckten Körper. Der hellbraune Pelz ist besonders dicht und Wasser abweisend. Seinen langen und fleischigen Schwanz benutzt er beim Schwimmen zum Steuern. Zwischen den Krallen hat er Schwimmhäute. Sein Kopf ist flach und an der runden Schnauze sitzen lange Tasthaare.
Lebensraum: Fischotter leben an sauberen Gewässern mit bewaldetem Ufer und vielen Versteckmöglichkeiten, aber auch an Meeresküsten und Flussmündungen.
Lebensweise: Fischotter jagen in der Nacht nach Fischen, Fröschen, Schnecken, Wasservögeln und Kleinsäugern. Sie leben am Ufer in einem selbst gegrabenen Bau, dessen Eingang unter der Wasseroberfläche liegt. Fischotter können bis zu 10 Minuten tauchen.

Junge Otter tollen gerne zusammen herum oder jagen ihrem eigenen Schwanz hinterher. Weil ihr natürlicher Lebensraum immer mehr zerstört wird, sind Fischotter stark gefährdet und deshalb geschützt.

Schermaus oder Wasserratte (Arvicola terrestris)

Aussehen: Schermäuse sind mit ca. 20 cm die größten Wühlmäuse in unserer Tierwelt. Sie haben eine stumpfe Schnauze und lange Schnurrhaare. Die Farbe ihres Fells ist sehr unterschiedlich, meist bräunlich.
Lebensraum: Die Schermaus besiedelt viele Lebensräume, auch in Gärten kommt sie vor. In der Regel lebt sie aber in der Nähe von Gewässern. Hier durchwühlt sie auf der Suche nach Nahrung das Ufer.
Lebensweise: Schermäuse leben in großen Kolonien. Sie legen weitverzweigte Gang- und Höhlensysteme an. Hier gibt es Vorrats- und ausgepolsterte Nestkammern. Sie können gut schwimmen und tauchen, was ihnen auch ihren Zweitnamen Wasserratte eingebracht hat. Entlang von Flüssen und Seen bewohnen sie Baue, deren Eingang unter der Wasseroberfläche liegt. Sie fressen Pflanzen, am liebsten Wurzeln von Obst- und Laubbäumen sowie Möhren und Knollengemüse.

Die Weibchen bringen viermal im Jahr 5–6 Junge zur Welt. Die Neugeborenen öffnen mit 9 Tagen die Augen und werden 2–4 Jahre alt.

Aal – schlangenförmiger Weitstreckenschwimmer

(Anguilla anguilla)

Der Aal gehört mit zu den rätselhaftesten Fischen überhaupt. Der glatte, unbeschuppte Körper erinnert mehr an eine Schlange als an einen **Fisch,** wäre da nicht der lang gezogene Flossensaum am Rücken. Über 1,50 m kann ein Weibchen lang werden. Die Männchen sind mit nur 50 cm sehr viel kleiner. Aale leben am Grund von Gewässern und jagen dort mithilfe ihres empfindlichen Geruchsinns nach Insektenlarven, Würmern, Schnecken, Fröschen, Kaulquappen, Fischen und sogar jungen Enten.

Es kann aber durchaus passieren, dass euch in der Nacht oder am Abend auch an Land ein Aal begegnet, der sich über eine feuchte Wiese schlängelt. Den lebensnotwendigen Sauerstoff nehmen die Tiere dabei über die Haut auf, und ein Mantel aus zähem Schleim schützt sie vor dem Austrocknen.

Lange ungelöst war das Rätsel, wie sich Aale fortpflanzen, doch schließlich haben Biologen es herausgefunden. Der Flussaal zählt zu den seltenen Arten, die im Meer laichen, genauer gesagt in der Sargassosee vor der Küste Nordamerikas, also weit, weit von Europa entfernt. Aus den Eiern schlüpfen dort winzig kleine **Larven,** die Weidenblättern ähneln. Ein warmer Meeresstrom, der **Golfstrom,** treibt sie an die europäische Küste – eine Reise, die bis zu einem Jahr dauert. Auf diesem Weg verwandeln sich die Larven in kleine, aalförmige, durchsichtige Fischchen, die man auch **Glasaale** nennt. In Europa angekommen, leben sie eine kurze Zeit im Brackwasser, also leicht salzigem Süßwasser, und wandern dann in großen Schwärmen von Januar bis Juni gegen die Strömung die Flüsse hinauf. Dabei können sie sogar Wasserfälle und Staustufen überwinden.

Am Oberlauf der Flüsse und Bäche, vereinzelt auch in Seen, wachsen die jungen Aale heran. Hier leben sie mehrere Jahre. Die Weibchen legen in dieser Zeit Fettreserven an, um möglichst viele Eier produzieren zu können. Wenn sie ausgewachsen sind, hören Aale auf zu fressen, sie verändern ihre Farbe und die Augen werden größer. Man nennt sie nun **Blankaale.** Jetzt wandern sie die Flüsse wieder hinab und ein bis anderthalb Jahre quer durch den Atlantik zurück in die Sargassosee. Am Ziel angekommen, laichen sie in einer Tiefe von bis zu 2000 m ab. Danach sterben alle erwachsenen Aale.

Bachforelle
(Salmo trutta fario)

Aussehen: Die Bachforelle hat einen 30 – 60 cm langen torpedoförmigen Körper. Der Rücken ist dunkelolivgrün, der Bauch weißlich bis gelblich. Ihr erkennt sie gut an den roten Flecken mit hellem Rand auf den Seiten. Manche Bachforellen werden bis zu 1 m groß.
Lebensraum: Bachforellen leben in klaren, plätschernden, sauerstoffreichen Bächen und kleinen Flüssen mit sandigem oder kiesigem Boden. Die bei uns heimischen Bachforellen werden immer mehr von der aus Amerika stammenden Regenbogenforelle verdrängt.
Lebensweise: Forellen sind Raubfische und fressen Krebse, Würmer, Schnecken und kleine Fische. Sie bleiben meist am gleichen Platz und verstecken sich unter überhängenden Ästen von Bäumen. Im Spätherbst fächeln sich die Weibchen in kleinen Bächen mit ihrem Schwanz flache Sandgruben und legen darin bis zu 15 000 Eier ab.

In den Kiemen der Bachforelle wachsen die Larven der Flussperlmuschel heran. Nach etwa 10 Monaten lassen sich die Larven auf den Grund des Flusses sinken, vergraben sich und nach 4 – 5 Jahren kommt die erwachsene Muschel hervor.

Hecht **(Esox lucius)**

Aussehen: Hechte haben einen langen schlanken Körper und können bis zu 2 m groß und bis zu 30 kg schwer werden. Ihr Maul hat Ähnlichkeit mit einem Entenschnabel. Darin sitzen viele nach hinten gerichtete spitze Zähne, die beim Beutefang wie Widerhaken wirken. So hat ein einmal gepacktes Beutetier keine Chance zu entkommen.
Lebensraum: Der Hecht lebt in stehenden und fließenden Gewässern, an deren Ufer viele Pflanzen wachsen.
Lebensweise: Hechte sind Lauerjäger und Einzelgänger. Angler wissen, dass sie immer an der gleichen Stelle – gut im Schilf oder zwischen Pflanzen versteckt – auf ihre Beute warten. Dazu gehören kleine Fische, aber auch Entenküken und Frösche. Sogar untereinander fressen sie sich auf. Sie schnappen einfach nach allem, was sich bewegt. Manchmal fressen sie sogar ausgewachsene Wasservögel.

Der Hecht kann bei einem Angriff auf kurzen Strecken kräftig beschleunigen und dabei bis zu 250 km/h nach vorne schnellen.

Teichfrosch (Rana esculenta)

Aussehen: Den Teichfrosch erkennt ihr am besten an seinem grasgrünen Rücken und dem spitzen Kopf. Die Männchen haben hinter den Mundwinkeln große Schallblasen, die ihre Rufe deutlich verstärken.
Lebensraum: Teichfrösche leben an Gewässern mit vielen Wasserpflanzen und dicht bewachsenen Ufern. Sie sind gute Schwimmer und sonnen sich gerne auf Schwimmpflanzenblättern oder Steinen.
Lebensweise: Hauptspeise des Teichfroschs sind Schnecken und Würmer. Auch Insekten mag er. Mit einem kräftigen Sprung schnellt er ihnen hinterher und schnappt sie sich in der Luft. Den Winter verbringt dieser Wasserfrosch gut versteckt unter Wurzeln oder im Schlamm des Teichs. Im Mai paaren sich die Teichfrösche. Dann sind ihre Rufkonzerte von weit her zu hören. Ihre Eier legen sie unter Wasser in einer Art glibberigen Klumpen ab, dem Froschlaich. Aus den Eiern schlüpfen die lang gestreckten Kaulquappen, die sich nach 2 – 3 Monaten in kleine Frösche verwandeln.

Teichfrösche können sogar Bienen und Wespen fressen. Deren Stiche scheinen ihnen nichts auszumachen.

Bergmolch (Triturus alpestris)

Aussehen: Die Bauchseite der Bergmolche ist bei Männchen und Weibchen orangerot bis gelb. Die Weibchen sind ansonsten bräunlich gefleckt und am Teichboden nur schwer zu sehen. Dafür ist das Hochzeitskleid der Männchen kräftig blau gefärbt und hat auffällige weiß umrahmte schwarze Flecken.
Lebensraum: Bergmolche leben in Laubwäldern und im Hochgebirge bis zu 2500 m. Von September bis März verstecken sie sich an Land unter verrottendem Holz und Baumwurzeln und verfallen in eine Kältestarre. So sparen sie Energie. Wenn es im Frühjahr wieder wärmer wird, erwachen sie und wandern zu Tümpeln und Teichen.
Lebensweise: Molche fressen Wasserinsekten und Flohkrebse. An Land jagen sie Würmer, Asseln, Spinnen und Insekten. Ihre Eier legen die Weibchen in den Blättern einer Wasserpflanze ab, die sie vorher zu kleinen Tüten formen. Die Larven leben von Asseln und Bachflohkrebsen und überwintern im Teich. Im nächsten Frühjahr verwandeln sie sich zu ausgewachsenen Molchen.

Wenn ihr Molche beobachten wollt, braucht ihr nur etwas Geduld. Sie müssen nämlich alle paar Minuten zum Atmen an die Wasseroberfläche kommen.

Erdkröte – beschützt und doch in Gefahr

(Bufo bufo)

Die Erdkröte mit ihren kupferfarbenen Augen ist unsere häufigste **Kröte.** Im Gegensatz zu den hüpfenden Fröschen bewegen sich Kröten laufend oder kriechend. Zudem haben Kröten eine trockene und warzige Haut und keine glatte wie Frösche. Aber Vorsicht: In der Haut sitzen Drüsen, die verschiedene giftige Substanzen produzieren, um Feinde abzuschrecken.

Erdkröten leben den größten Teil des Jahres **an Land.** Dies ist möglich, da ihre dicke robuste Haut besser an trockene Lebensräume angepasst ist als die von Fröschen. Man trifft Kröten in Wäldern, Heckenlandschaften, auf Ödland und sogar hoch in den Bergen. Besonders in Gärten sind Erdkröten willkommene Gäste. Sie vertilgen nämlich gefräßige Schädlinge wie Schnecken, Käfer und Raupen. Meist stürzen sie sich auf alles, was sich bewegt und was sie verschlingen können; reglose Beutetiere können sie nicht wahrnehmen.

Zum Überwintern suchen Kröten einen geschützten Schlupfwinkel auf, zum Beispiel ein Erdloch. Anfang März, wenn die Temperaturen steigen, verlassen sie ihren Unterschlupf wieder und machen sich nachts auf den oft kilometerlangen Weg zu dem Tümpel oder Teich, in dem sie selber aus dem Ei geschlüpft sind. Und das alles, um sich dort zu paaren. Viele Kröten werden dabei auf Straßen überfahren, die sie bei ihrem Marsch queren müssen. Darum sammeln Naturschützer jedes Jahr zur Zeit der **Krötenwanderung** Kröten auf oder bauen entlang der Landstraßen kleine Zäune und leiten die Tiere durch Krötentunnel unter der Straße durch und sicher zu ihrem **Laichgewässer.**

Auf der Wanderung zum Heimattümpel versuchen die kleineren Männchen, auf den Rücken der Weibchen zu klettern und sich von ihnen tragen zu lassen. Allerdings muss das Männchen diesen Platz ständig gegen andere verteidigen. Der Sieger klammert sich bis zur Eiablage unter den Achseln der Auserwählten fest.

Anders als Frösche produzieren Kröten Laich in langen Schnüren, den sie um Wasserpflanzen wickeln. Nach etwa zwei Wochen schlüpfen kleine schwarze **Kaulquappen,** die aber noch einmal bis zu 80 Tage brauchen, um sich zu einer fertigen Kröte mit Beinen und Lungen zu entwickeln. Diesen Vorgang nennt man **Metamorphose.** Meist verlassen die Jungtiere Ende Juli das Wasser und plötzlich wimmelt es dann überall von kleinen Kröten.

Kormoran (Phalacrocorax carbo)

Aussehen: Kormorane sind etwa so groß wie eine Gans und haben eine Flügelspannweite bis 1,50 m. Erwachsene Tiere haben ein tiefschwarzes Gefieder, die Jungen sind dunkelbraun. Auffällig sind die weißen Wangen und der abstehende Federschopf am Hinterkopf. Der gelbe Schnabel hat an der Spitze einen Haken.
Lebensraum: Kormorane leben an Meeresküsten und fischreichen Seen und Flüssen.
Lebensweise: Die schwarzen Vögel sind gute Schwimmer. Sie tauchen bis zu 16 m tief und können einige Minuten unter Wasser bleiben. An Land sieht man sie auf Bäumen sitzen und ihre Flügel zum Trocknen ausbreiten. Der Grund ist, dass sie keine Bürzeldrüsen haben wie andere Wasservögel und ihre Federn daher nicht einfetten können, damit sie nicht durchnässt werden. Kormorane fressen bis zu 1 kg Fisch am Tag. Aus diesem Grund wurden sie früher von Fischern stark bekämpft und fast ausgerottet. Heute leben in Europa wieder über 400 000 Kormorane.

In China und Japan zähmt man Kormorane und richtet sie auf das Fangen von Fischen ab. Ein um den Hals gelegter Ring verhindert, dass sie den Fisch selber fressen.

Wasseramsel (Cinclus cinclus)

Aussehen: Die Wasseramsel sieht eher plump und rundlich aus. Das liegt wohl an dem sehr kurzen Schwanz. Kopf und Nacken sind schwarzbraun, Kehle und Brust weiß.
Lebensraum: Wasseramseln leben in der Nähe schnell fließender Gewässer. Ideal sind Felsen oder große Steine im Wasser, von wo aus sie losfliegen können.
Lebensweise: Wasseramseln können pfeilschnell und mit schnellen Flügelschlägen dicht über die Wasseroberfläche hinwegfliegen. Aus dem Flug stürzen sie sich ins Wasser, um nach Insektenlarven, kleinen Krebsen und Weichtieren zu schnappen. Die flinken Jäger brüten zweimal im Jahr. Sie bauen dann aus Moos und Gräsern ein kugeliges Nest. Ein seitlicher Eingang führt in eine mit Blättern ausgepolsterte Bruthöhle.

Die Wasseramsel ist der einzige Singvogel, der tauchen kann. Bis zu 30 Sekunden bleibt sie unter Wasser, wobei sie auf der Suche nach Nahrung Steine umdreht. Unter Wasser paddelt sie mit den Füßen und rudert mit ihren biegsamen Flügeln.

Große Rohrdommel
(Botaurus stellaris)

Aussehen: Das Federkleid der Rohrdommeln ist ockerbraun und dunkel gefleckt. Der Vogel wirkt plump und läuft ganz langsam und bedächtig. Dabei duckt er sich und zieht den Kopf ein.
Lebensraum: Rohrdommeln leben in dichten Rohrkolben- und Schilfbeständen.
Lebensweise: Die scheuen Vögel jagen in der Nacht nach Fröschen, Molchen, Krebstieren, Eidechsen, Schlangen und Würmern. Tagsüber schlafen sie gut verborgen auf Bäumen und im Gebüsch. Rohrdommeln fliegen nur selten und so geräuschlos wie eine Eule. Den Winter verbringen sie in Nordafrika.

Die Rohrdommel ist ein geheimnisvoller Vogel, den man nur selten sieht. Dafür ist ihre dumpfe Stimme in der Nacht weithin zu hören. Sie hört sich an wie ein brüllendes Rind. Deswegen nennt man die Rohrdommel auch »Mooskuh«. Bei Gefahr reckt sie den Schnabel steil nach oben und streckt den Körper in die Länge. In dieser »Pfahlstellung« ist sie zwischen den Schilfhalmen so gut wie unsichtbar.

Eisvogel **(Alcedo atthis)**

Aussehen: Der sperlingsgroße farbenprächtige Eisvogel hat eine glänzend metallisch grün-blaue Oberseite, wegen der er auch »fliegender Edelstein« genannt wird. Flügel und Schwanz sind kurz, der Schnabel ist lang und spitz.
Lebensraum: Eisvögel könnt ihr an klaren Wasserläufen und Bächen mit Steilufern und überhängenden Bäumen beobachten.
Lebensweise: Der Eisvogel sitzt manchmal stundenlang im Schatten der Bäume, um dann blitzschnell und pfeilgerade über das Wasser zu fliegen. Dann hält er kurz an, steht mit schnellen Flügelschlägen auf der Stelle und stürzt sich kopfüber ins Wasser. So erbeutet er kleine Fische. Diese Jagdmethode nennt man Stoßtauchen. Doch nicht jeder Tauchgang ist erfolgreich, vor allem nicht bei trübem Wasser. Eisvögel sind Einzelgänger. Zum Brüten bauen sie bis zu 1 m tiefe Röhren in lehmige Steilwände.

Wenn ein Eisvogelmännchen um ein Weibchen wirbt, trägt es kleine Fische herbei und bietet sie der Auserkorenen unter vielen Verbeugungen an.

Teichmuschel (Anodonta cygnea)

Aussehen: Der empfindliche Körper der Teichmuschel wird durch zwei gelblich bis braune Kalkschalen geschützt. Sie bilden das Skelett der bis zu 20 cm großen Muschel.
Lebensraum: Teichmuscheln leben am Boden sauberer, stehender und langsam fließender Gewässer.
Lebensweise: Muscheln atmen mit Kiemen. Mit ihrem Fuß verankern sie sich im Boden und können sich dort langsam fortbewegen. Sie wühlen den Boden auf und filtern dabei ihre Nahrung aus dem Wasser: winzige Algen und Kleinstlebewesen. Eine Teichmuschel kann in einer Stunde bis zu 42 Liter Wasser filtern.
Eine Teichmuschel produziert bis zu 300 000 Eier. Diese saugt sie in die Spalträume ihrer Kiemen. Hier schlüpfen die winzigen Larven und überwintern. Im Frühjahr verlassen die Larven die Muschel und müssen dann sofort einen Fisch finden, an dessen Kiemen sie sich mit ihren kleinen Haken festsetzen. Sonst sterben sie. Nachdem ihre Entwicklung in den Kiemen des Fisches abgeschlossen ist, sinken die kleinen Muscheln zu Boden und wachsen dort heran.

Auch der Bitterling, ein kleiner Fisch, legt seine Eier im Kiemenraum der Teichmuscheln ab. Hier wachsen die Jungfische geschützt heran und verlassen die Muschel nach etwa vier Wochen.

Flusskrebs (Astacus astacus)

Aussehen: Krebse haben wie alle Gliederfüßer einen Vorder- und Hinterkörper. Dieser wird von einem dicken braunen Panzer geschützt. Sie haben zehn Beine, lange Antennen und werden fast 20 cm lang. An den Vorderbeinen sitzen große Scheren, an den Hinterbeinen Kiemen, mit denen sie atmen.
Lebensraum: Flusskrebse leben in sauberen Bächen, Flüssen und Seen. Sie verstecken sich hier unter überhängenden Wurzeln und unter Steinen.
Lebensweise: Flusskrebse sind nachtaktive Allesfresser. Sie packen mit ihren großen Scheren Würmer, Molche, Schnecken, kleine Fische und sogar Artgenossen. Um wachsen zu können, müssen Krebse sich häuten. Kurz davor verfärbt sich der alte Panzer und platzt dann zwischen Kopf und Hinterleib auf. Der Krebs schlüpft heraus und muss sich nun gut vor Feinden verstecken, bis der neue Panzer ausgehärtet ist.

Früher gab es sehr viele Flusskrebse, doch heute sind sie selten geworden. Schuld ist auch die Krebspest, die ihn vor über 100 Jahren fast ausgerottet hat.

Bachflohkrebs (Gammarus pulex)

Aussehen: Der Körper der fast 2,5 cm großen Bachflohkrebse ist hell- bis graubraun und sieht aus, als ob er seitlich zusammengedrückt worden wäre. An den ersten Beinpaaren hat er kleine, messerartige Scheren. Am Kopf sitzen zwei Antennenpaare.
Lebensraum: Bachflohkrebse können nur in sauberen Seen, Bächen und Flüssen leben. Sie halten sich am Boden in Ufernähe auf.
Lebensweise: Die kleinen Krebse fressen Aas und abgestorbene Pflanzenteile. Durch kräftiges Schlagen des Hinterleibs können sie gegen den Strom schwimmen. Oft sieht man sie aber auch in Seitenlage über den Boden rutschen. Die Eier entwickeln sich in einer Brutkammer am Bauch der Weibchen. Hier bleiben die Jungkrebse auch die ersten Tage nach dem Schlüpfen. Bis sie geschlechtsreif sind, müssen sie sich zehnmal häuten.

Bachflohkrebse werden von vielen Fischen gefressen und sind deswegen eine wichtige Nahrungsgrundlage für die Bewohner unserer Flüsse und Seen. Besonders Forellen fressen die kleinen Krebse gerne.

Blutegel (Hirudo medicinalis)

Aussehen: Blutegel gehören zu den Gürtelwürmern. Ihr Körper ist abgeflacht und an der Oberseite dunkeloliv mit hellen Längsstreifen. An der gelblichen Unterseite sitzen zwei Saugnäpfe: ein großer hinten und ein kleiner vorne. Damit bewegen sie sich an Land fort. Blutegel werden bis zu 20 cm groß.
Lebensraum: Blutegel leben in flachen Teichen, Weihern und Moorseen mit dichter Bepflanzung.
Lebensweise: Damit Blutegel sich fortpflanzen können, brauchen sie Blut von Wirbeltieren. Dazu saugen sie sich auf der Haut ihres Opfers fest und beißen dann mit drei festen Hornkiefern, die im vorderen Saugnapf sitzen, kräftig zu. Dabei geben sie einen Stoff ab, der beim Opfer den Schmerz unterdrückt. Innerhalb kurzer Zeit saugen sie bis zum Fünffachen ihres Körpergewichts. Das ist so viel Blut, dass sie ein Jahr davon leben können. Die Eier werden dann außerhalb des Wassers in feuchter Erde abgelegt und in einen Kokon eingesponnen.

In der Medizin wurden und werden Blutegel bei Menschen aufgesetzt, um Blutergüsse und Gelenkentzündungen zu behandeln. Die Egel geben nämlich beim Saugen rund 20 Stoffe ab, die gegen Entzündungen helfen. Blutegel können über 30 Jahre alt werden.

Gemeine Eintagsfliege (Ephemera danica)

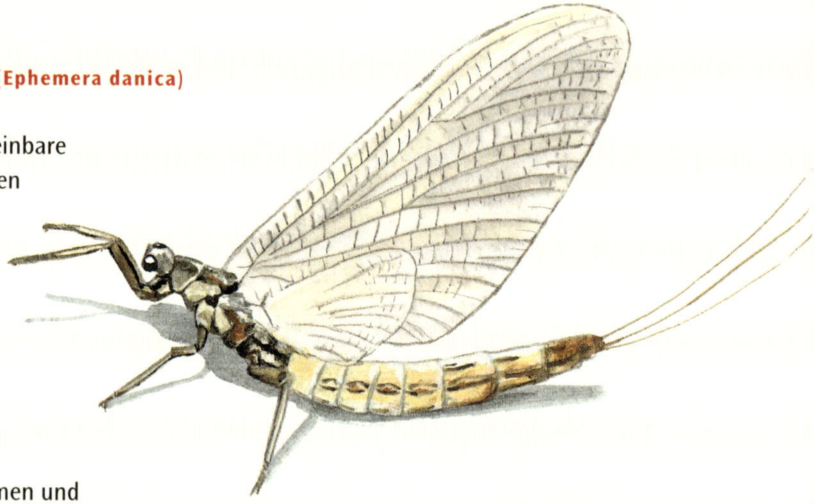

Aussehen: Eintagsfliegen sind unscheinbare hellbraune Insekten. Die ausgeklappten Flügel messen über 4 cm und sind durchsichtig. Wenn die Insekten sitzen, klappen sie diese nach oben. Am Körperende sieht man drei oder mehr lange Fäden.
Lebensraum: Eintagsfliegen findet man an ruhigen, sauberen Bächen und Flüssen.
Lebensweise: Die Männchen schwärmen und tanzen über dem Wasser. Hier paaren sie sich in der Luft mit den Weibchen. Danach sterben sie. Das Weibchen legt die Eier direkt ins Wasser, indem es im Flug den Hinterleib kurz hineintaucht.
Manche Larven graben mit ihren dolchartig ausgezogenen Oberkiefern Gänge in den Boden des Gewässers und fressen abgestorbene Pflanzenteile. Nach etwa zwei Jahren bildet sich eine Luftschicht unter ihrer Haut. Dann steigen die Larven zur Oberfläche und aus der Hülle schlüpft eine Art fliegende Larve. Erst später häutet sie sich zum ausgewachsenen Tier.

Ausgewachsene Eintagsfliegen haben keine Mundwerkzeuge. Darum können sie keine Nahrung aufnehmen.

Gemeine Köcherfliege
(Limnephilus flavicornis)

Aussehen: Köcherfliegen sind unscheinbar und braun gefärbt. Typisches Merkmal ist, dass ihre Flügel behaart sind und, wenn sie nicht fliegen, dachartig auf dem Hinterleib zusammengelegt werden.
Lebensraum: Köcherfliegen leben in der Nähe von Bächen, Flüssen und Teichen.
Lebensweise: Die kleinen Fliegen können nur flüssige Nahrung aufnehmen. Manche leben nur ein paar Tage. Die Weibchen legen ihre Eier in Gallertkugeln am Ufer von Gewässern ab. Die geschlüpften Köcherfliegenlarven leben dann am Grund der Gewässer. Vor der Verpuppung spinnen sie sich knapp unter dem Wasserspiegel fest. Die Puppe kriecht nach einiger Zeit an einem Pflanzenstängel empor. Hier häutet sie sich zur Fliege.

Am Mund haben die Köcherfliegenlarven Spinndrüsen. Diese produzieren Fäden, mit denen sie Kleinteile zu einem Köcher zusammenbauen. In ihm lebt die Larve. Ein solcher Köcher kann aus Schneckenschalen, Holzstückchen oder – wie hier im Bild – aus Steinchen gebaut sein. Besonders lustig sehen Köcher aus den Blättern der Wasserlinse aus.

Gelbrandkäfer (Dytiscus marginalis)

Aussehen: Der Gelbrandkäfer ist dunkel gefärbt, die Flügeldecken sind gelb gerandet. Die Weibchen haben gefurchte Flügeldecken, die der Männchen sind ganz glatt. An den Hinterbeinen sitzen kräftige Schwimmborsten. Der bis zu 35 mm lange Körper glänzt stark, weil er mit einer dünnen Wasser abstoßenden Ölschicht überzogen ist.
Lebensraum: Gelbrandkäfer könnt ihr in Bächen, Tümpeln, Seen und auch Gartenteichen beobachten.
Lebensweise: Die glänzenden Käfer sind perfekt an das Leben im Wasser angepasst, können aber auch gut fliegen. Sie fressen Kaulquappen, junge Fische und Insektenlarven. Die Larven sind richtige kleine Raubtiere. Sie bohren ihre spitzen Mundwerkzeuge in ihre Beute und spritzen Gift und eine Flüssigkeit hinein, welche die inneren Organe auflöst. Danach saugen sie ihre Beute aus.

Normalerweise atmen Gelbrandkäfer durch ein Atemloch am Körperende. Dabei hängen sie kopfüber unter der Wasseroberfläche. Sie können aber auch unter Eis überwintern. Dabei atmen sie die Luft, die unter ihren Flügeldecken eingeschlossen ist.

Große Königslibelle
(Anax imperator)

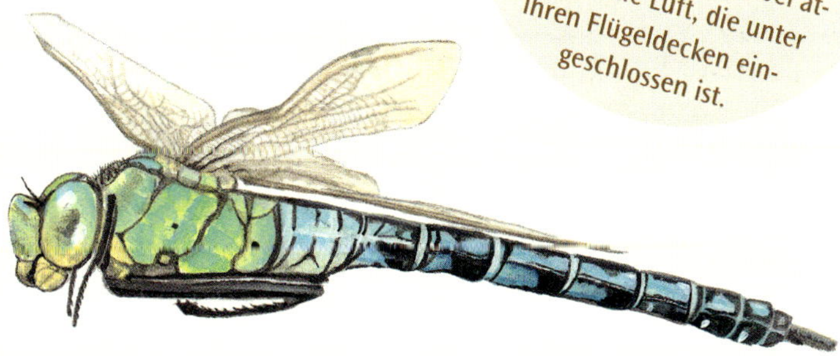

Aussehen: Die Königslibelle ist die größte Libelle Europas. Immerhin wird sie 8 cm lang und die Flügelspannweite beträgt sogar 11 cm.
Die Männchen sind leuchtend blau und haben eine grüne Brust. Die Weibchen sind etwas matter.
Lebensraum: Diese farbenprächtige Libelle lebt an pflanzenreichen Seen, Tümpeln und Teichen.
Lebensweise: Libellenmännchen fliegen ununterbrochen, um ihr Revier zu verteidigen. Dabei liefern sie sich mit anderen Männchen erbitterte Luftkämpfe und vertreiben andere Großlibellen. Fliegen, Mücken und andere Insekten fangen und verspeisen sie im Flug. Die zigarrenförmigen Libellenlarven entwickeln sich im Wasser. Dort verbringen sie bis zu zwei Jahre, bevor sie sich verpuppen und in ausgewachsene Libellen verwandeln.

Libellenlarven ernähren sich von Insektenlarven, Wasserwanzen und Kaulquappen. Dabei packen sie ihre Beute mit einer sogenannten Fangmaske. Dieses klauenbewehrte Fangwerkzeug ist in Ruhestellung unter Kopf und Brust geklappt und wird zum Beutefang blitzschnell nach vorne geschleudert.

Seerose (Nymphaea)

Merkmale: Seerosen gehören zu den Schwimmblattpflanzen. Ihre herzförmigen Blätter werden bis zu 30 cm groß und sind von einer Wachsschicht überzogen, die das Wasser abperlen lässt. Die großen Blüten sind von Juni bis September zu beobachten. Sie können verschiedene Farben haben: Weiß, Gelb, Blau oder auch Violett oder Rot. Die Kelchblätter sind meist grünlich. Die Blüten öffnen sich nur in hellen Tagesstunden. Blätter und Blüten sitzen an langen, seilartigen Stängeln, die am Seegrund wurzeln.
Vorkommen: Seerosen wachsen in nährstoffreichen stehenden Gewässern. Am liebsten mögen sie Wassertiefen zwischen 1 m und 1,5 m. Sie sind sehr robust und überstehen den Winter gut.
Wissenswertes: Die beerenförmigen Früchte der Seerose enthalten viel Luft und schwimmen daher auf dem Wasser. Wind und Strömung treiben sie über weite Strecken fort. Nach einiger Zeit zersetzt sich das Gewebe und die Samen sinken zu Boden. Dort keimen sie und eine neue Seerose kann wachsen. Unter Seerosenblättern finden viele Wassertiere wie Schnecken und Egel ein Versteck.

Rohrkolben (Typha)

Merkmale: Den Rohrkolben erkennt ihr ganz leicht an seinem Blütenstand, den typischen »Schilfzigarren«. In deren walzenförmigen Gebilden sitzen kleine weibliche Blüten dicht beieinander. Die männlichen Blüten sitzen in lockeren Kolben darüber und fallen irgendwann ab. Die Pflanze wird bis zu 2 m hoch. Ihre Blätter wachsen steif aufrecht und können mehrere Meter lang werden.
Vorkommen: Rohrkolben wachsen im flachen Wasser an Ufern, in Gräben, Sümpfen und Mooren.
Wissenswertes: Die Wasser- und Sumpfpflanze ist in vielerlei Hinsicht sehr nützlich. Mit seinem dichten Wurzelwerk verfestigt er den Boden. Er wird auch gepflanzt, um Abwasser zu reinigen, denn er dient winzigen Kleinstlebewesen (Mikroorganismen), die Schadstoffe im Abwasser abbauen helfen, als Lebensraum. Auch zur Dämmung von Häusern und als Heizmaterial ist er zu gebrauchen. Außerdem lassen sich die kriechenden Wurzelstöcke als leckeres Gemüse zubereiten.

Sumpfschwertlilie (Iris pseudacorus)

Merkmale: Auffallend an der Sumpfschwertlilie ist, dass sie in dichten Büscheln aus vielen schwertförmigen Blättern wächst. Die Pflanze wird bis zu 1 m hoch. Die gelben Blüten erscheinen von Mai bis Juni.
Vorkommen: Sumpfschwertlilien wachsen an sumpfigen Ufern stehender oder langsam fließender Gewässer, auch in Auwäldern. Man findet sie sogar hoch in den Bergen.
Wissenswertes: Die Sumpfschwertlilie wird von Insekten bestäubt, die einen langen Rüssel haben, zum Beispiel von Hummeln, Bienen und Schwebfliegen. Der Grund dafür ist, dass sich die Blütenblätter nach innen zu einer Röhre verengen, aus denen nur langrüsselige Insekten den Nektar holen können. Dunkle Adern auf den gelben Blütenblättern weisen ihnen dabei den Weg zum Nektar im Blüteninneren.
Vorsicht: Die Pflanze ist giftig und kann ordentliche Bauchschmerzen verursachen.

Brunnenkresse
(Nasturtium officinale)

Merkmale: Brunnenkresse wird bis zu 80 cm hoch und hat gefiederte Blätter. Ihre Stängel sind hohl. Die Blüten sind weiß und erscheinen von Mai bis September. Auch im Winter behält die Brunnenkresse ihre grünen Blätter.
Vorkommen: Brunnenkresse wächst in klaren, langsam fließenden Bächen und Flüssen.
Wissenswertes: Die Blätter der Brunnenkresse schmecken scharf und pfeffrig. Darum werden sie seit Jahrhunderten zum Würzen von Salaten, Suppen und Beilagen verwendet. Ursache für den scharfen Geschmack ist das Senföl, das in den Blättern enthalten ist. Das Senföl bewirkt auch, dass der Verzehr von Brunnenkresse die Verdauung fördert und gegen Entzündungen hilft. Außerdem enthalten die Blätter viel Vitamin C. Ernten und essen sollte man die Pflanze nur, solange sie nicht blüht. Danach verliert sie ihren Geschmack. Brunnenkresse wird vor allem in Frankreich in großen Becken angebaut, durch die man langsam Wasser hindurchfließen lässt.

Können Libellen beißen oder stechen?

Wenn ihr im Sommer draußen sitzt oder spielt, können sie euch manchmal richtig erschrecken: die Libellen! Plötzlich sausen sie dicht am Kopf vorbei, aber gehört habt ihr nichts. Jede Hummel, Biene oder Fliege kündigt sich mit Brummen an, aber diese großen Insekten nähern sich geräuschlos. Das liegt daran, dass sie ihre Flügel weniger als 30-mal pro Sekunde bewegen, eine Biene oder Hummel aber ungefähr 250-mal. Wenn sie einen so lautlos überrumpeln und erschrecken, drängt sich die Frage auf, ob diese großen Insekten eigentlich beißen oder stechen können. Oder sind sic sogar giftig?

Die Antwort darauf ist ganz einfach: nein. Libellen sind ganz harmlose **Insekten,** die weder giftig sind noch stechen können. Dass sich das Gerücht von den stechenden, gefährlichen Libellen so hartnäckig hält, hat wahrscheinlich etwas mit ihrer Größe und ihren Riesenaugen zu tun. **Der auffälligste Teil ihres Körpers ist dabei der extrem lange Hinterleib.** Er besteht aus zehn kleinen Abschnitten, die durch eine Haut miteinander verbunden sind. Diese Konstruktion macht den **Hinterleib** sehr beweglich. In ihm geschützt liegen das röhrenförmige Herz, der Darm und die Fortpflanzungsorgane der Libellen.

Die Weibchen vieler Libellenarten haben an ihrem Hinterleib einen langen, gut sichtbaren Legeapparat, auch **Legeröhre** genannt. Genau diese Röhre wird oft mit einem gefährlichen, langen Stachel verwechselt. Dabei dient sie nur als Hilfsmittel bei der Eiablage. Einige Libellenarten überprüfen mithilfe der Legeröhre vor der Eiablage den Untergrund für die Eier, wie zum Beispiel Moos, feuchte Erde oder kleine Pflanzen. Dann lässt das Weibchen die Eier durch die Legeröhre fallen. Andere Libellen fliegen dicht über flachen Bächen entlang, tauchen ihren langen Hinterleib ins Wasser und stechen mit der Legeröhre in den Bachboden, sodass die Eier in den Boden gelegt werden.

Außerdem gibt es am letzten Hinterleibsabschnitt noch zwei kleine Anhänge, die auch häufig mit einem Stechapparat verwechselt werden. Bei den Weibchen werden diese Anhänge oft bei der Eiablage gebraucht. Bei den Männchen sind es Zangen, mit denen sie das Weibchen bei der Paarung halten. Die Paarung findet nämlich oft in der Luft statt und die Libellen bilden dabei mit ihren Körpern ein sogenanntes **Paarungsrad.**

So weit zum Stechen, aber wie sieht es mit dem Beißen aus? Libellen sind Raubinsekten, die mit ihren großen Augen sehr gut Bewegungen wahrnehmen können und deshalb ihre Beute immer im Flug fangen. Sie ernähren sich von kleineren Insekten wie Mücken, Blattläusen und Fliegen. Die Beute wird mit den Vorderbeinen gepackt und dann mit den kräftigen Mundwerkzeugen zerkleinert. Menschen beißen die schwirrenden Insekten aber normalerweise nicht. Nur wenn ihr eine Libelle in der geschlossenen Hand haltet, kann es passieren, dass sie in Panik gerät und sich verteidigt. Dann zwickt sie euch vielleicht ein bisschen. Das tut nicht weh und führt auch nicht zu Verletzungen. Viel wahrscheinlicher ist es aber, dass die Libelle erst gar nicht dazu kommt, euch zu zwicken, weil ihre Flügel an eure Handinnenflächen stoßen und bei diesen Berührungen so laut aneinanderschlagen, dass ihr vor lauter Schreck die Hand sofort wieder öffnet.

Die Angst vor beißenden, stechenden, gefährlichen Libellen ist also wirklich unbegründet und die stachelähnlichen Fortsätze am Libellenkörper dienen der **Fortpflanzung** und nicht der Verteidigung oder dem Angriff auf Beute.

Übrigens: Für Libellen gibt es viele altertümliche Namen, an denen ihr sofort erkennen könnt, wie viel Angst die Menschen früher vor Libellen hatten. Sie wurden Augenstecher, Pferdetod und Teufelsnadel genannt. Im Englischen heißen sie jetzt noch *dragonflies,* also Drachenfliegen, und im Spanischen wird die Libelle auch als *caballito del diablo,* Teufelspferdchen, bezeichnet.

Warum sieht man so selten Fischotter?

In Zoos, Tierparks oder Otterstationen wirken Fischotter wie ein Magnet und ziehen das Publikum an, denn es macht richtig Spaß, diesen flinken Schwimmern beim Tauchen, Schwimmen und Spielen zuzuschauen. Draußen in der freien Natur sieht man sie allerdings nur selten. Obwohl es in den letzten Jahren wieder mehr Fischotter gibt, bleibt der quirlige, kleine Räuber aufgrund seiner Lebensweise für uns oft unentdeckt. Warum ist das so?

Fischotter sind Einzelgänger und sehr scheue Tiere. Sie wandern in der Dämmerung oder nachts am Ufer von Flüssen oder Seen entlang. Sie sind außerdem sehr selten geworden. In Deutschland gibt es nur ungefähr 1200 Fischotter, weshalb diese Tierart auf der **Roten Liste** steht. Das ist eine Liste, auf der ihr alle Tiere und Pflanzen findet, die vom Aussterben bedroht sind und deshalb unter besonderen Schutz gestellt wurden. Bis vor Kurzem galt der Fischotter in vielen Gebieten Deutschlands sogar als ausgestorben. Jetzt nehmen die Bestände dank guter Schutzmaßnahmen langsam wieder zu.

Dabei ist der Fischotter nicht besonders wählerisch, was seinen **Lebensraum** angeht. Er lebt in Flüssen, Bächen, Seen, Teichen und sogar an felsigen Küstenabschnitten. Er mag klares, sauberes Wasser und versteckt sich gerne im Schilf oder Röhricht, in Gebüschen oder unterspülten Wurzeln von Ufergehölzen. Hier baut er auch gerne seine Bauten, weil die Eingänge dort durch die vielen Pflanzen perfekt getarnt sind.

Dadurch, dass wir Menschen aber viele Flüsse und Bäche begradigt haben, um zum Beispiel größere zusammenhängende Ackerflächen zu erhalten, gab es vor einigen Jahren an den Ufern vieler Gewässer keine natürliche Bepflanzung mehr. Zudem wurden mit den Abwässern viele Giftstoffe in die Flüsse gespült und die **Lebensbedingungen für die Otter verschlechterten sich zusehends.** Außerdem wurden Fischotter lange Zeit gejagt. Zum einen wurden sie in der Fastenzeit als Ersatz für Fleisch gegessen, da man sie einfach als Fisch bezeichnet hatte, zum anderen war der Otter auch wegen seines Pelzes sehr begehrt. **Das Fischotterfell ist nämlich eins der dichtesten Felle in der Tierwelt;** die Haare sind zwar kurz, stehen aber mit bis zu 70 000 Haaren pro Quadratzentimeter dicht an dicht. Zum Vergleich: Der Mensch hat etwa 120 Haare pro Quadratzentimeter Haut. Deswegen wurde der Fischotter leider auch wegen seines wärmenden Pelzes gejagt und es gab mit der Zeit immer weniger Fischotter.

Mittlerweile wurden die Ufer vieler Bäche und Flüsse wieder bepflanzt und das Wasser in Flüssen und Seen ist außerdem sauberer geworden. Allmählich gibt es in der freien Natur auch wieder mehr Fischotter, und mit ganz viel Glück kann man sie auf Sandbänken oder an Uferböschungen beobachten, wenn sie sich sonnen oder ihre Beute fressen. Die meisten Fischotter gibt es in Brandenburg, Sachsen und Mecklenburg-Vorpommern. Durch den strengen Schutz des Otters kehrt er langsam auch wieder in andere Teile Deutschlands zurück.

Mit ihren **stromlinienförmigen Körpern** sind Fischotter perfekt an das Leben und die Jagd im Wasser angepasst. Ihre kurzen kräftigen Beine haben sogar Schwimmhäute zwischen den Zehen. Die guten Schwimmer können bis zu 14 km/h schnell schwimmen, 18 m tief tauchen und 8 Minuten unter Wasser bleiben. Dabei verschließen sie die Ohren und die Nase und tauchen erst wieder zum Luftholen auf.

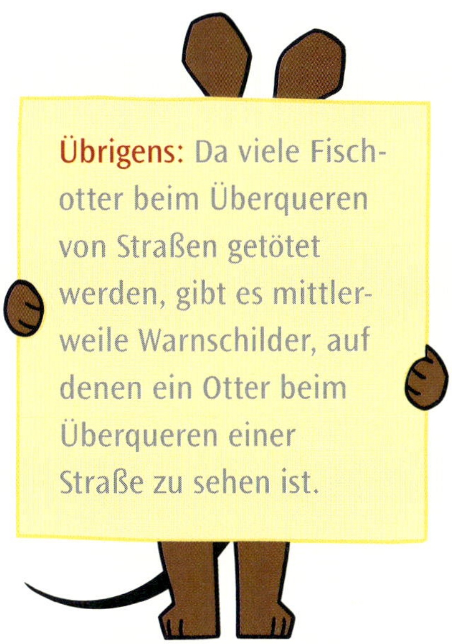

Übrigens: Da viele Fischotter beim Überqueren von Straßen getötet werden, gibt es mittlerweile Warnschilder, auf denen ein Otter beim Überqueren einer Straße zu sehen ist.

Die Schwimmkünste sind jungen Fischottern aber nicht angeboren, sie müssen die Gewandtheit im Wasser erst erlernen. Unermüdlich packt die Fischottermutter ihre wasserscheuen Jungen am Nacken und zerrt sie zum Schwimmen und Tauchen ins Wasser. Die Jungtiere lernen schnell und schon nach kurzer Zeit beginnen sie, selber Beute zu jagen. Einige Monate später suchen sie sich ein eigenes Revier und wandern dabei vielleicht in Gebiete, in denen sich die Lebensbedingungen für sie bereits so verbessert haben, dass sie sich hier wieder ausbreiten können.

Leben Eintagsfliegen wirklich nur einen Tag?

Was passiert, wenn man weder Nahrung zu sich nehmen noch verdauen kann, ist jedem klar. Lange überlebt man so nicht. Und genauso geht es den ausgewachsenen flugfähigen Eintagsfliegen. Sobald sie das Larvenstadium hinter sich lassen und aus dem Wasser klettern, können sie tatsächlich nichts mehr fressen. Somit ist ihr Leben als voll entwickelte Eintagsfliege wirklich sehr kurz und auf wenige Stunden – manchmal auch Tage – beschränkt. Davor haben sie aber lange Zeit eine Art Geheimleben unter Wasser geführt und sich überwiegend mit Fressen beschäftigt. Wenn ihr euch fragt, ob eine Tierart auf diese Weise erfolgreich überleben kann, müsst ihr weit zurückschauen. Denn Eintagsfliegen gibt es schon sehr lange. Sie gehören zu den ältesten Insektenarten und sind seit fast 300 Millionen Jahren ein Erfolgsmodell der Natur. Sie haben also schon lange vor den Dinosauriern gelebt. Aber wie sieht es genau aus, dieses geteilte Leben unter und über Wasser?

Eintagsfliegen legen ihre Eier einzeln oder in Klumpen direkt ins Wasser, kleben sie auf Steine oder werfen sie über der Wasseroberfläche in großen Mengen ab. Je nach Wassertemperatur entwickeln sich die Eier unterschiedlich schnell. Nach 1–3 Wochen schlüpfen die **Larven** der Eintagsfliegen. Sie besitzen sechs Beine, haben **Kiemen,** um unter Wasser atmen zu können, und gut funktionierende Mundwerkzeuge. Flügel haben sie selbstverständlich nicht, denn als Larven bewegen sie sich nur schwimmend, laufend oder grabend.

Eintagsfliegenlarven ernähren sich von Algen und Pflanzenteilen oder leben räuberisch und jagen Kleinstlebewesen. Eigentlich machen sie den ganzen Tag nichts anderes als fressen und natürlich wachsen. Von Zeit zu Zeit wird ihr Hautpanzer zu klein, dann häuten sie sich so ähnlich wie eine Schlange. Oft kann man die leeren Hüllen dann auf der Wasseroberfläche finden. **Nach 20–30 Häutungen sind die meisten Eintagsfliegenlarven groß genug für die Verwandlung zum Insekt.** Bis zu diesem Zeitpunkt haben sie, je nach Art, 1–3 Jahre unter Wasser gelebt. Für diese Umwandlung zum Insekt, die auch **Metamorphose** genannt wird, klettert die Larve an einem Pflanzenstängel aus dem Wasser und häutet sich zum flugfähigen Tier. Einige Minuten bis Stunden später häutet sie sich noch einmal. Erst jetzt ist sie fortpflanzungsfähig und zur Paarung bereit. Während der Metamorphose verkümmern jedoch die Mundwerkzeuge und der Darm so stark, dass die Insekten keine Nahrung mehr zu sich nehmen können.

Das Schlüpfen vieler Eintagsfliegen findet zeitgleich statt, sodass riesige Schwärme von mehreren Hunderttausend Tieren entstehen und in der Dämmerung über die Wasseroberflächen ziehen. Fliegt ein Weibchen in einen Schwarm von Männchen, wird es sofort ergriffen und die **Paarung** findet im Flug hoch oben in der Luft statt. Kurz danach legt das Weibchen die Eier ins Wasser ab, sodass sich der Kreislauf wieder schließt.

Da die flugfähigen Eintagsfliegen ohne Nahrung auskommen müssen, ist ihre Lebensdauer oft nur auf einige Stunden oder wenige Tage begrenzt. Es kommt nach der Paarung zu einem Massensterben und zahlreiche Eintagsfliegen schwimmen für kurze Zeit tot auf der Wasseroberfläche, bis sie von Fischen gefressen werden. Die Eintagsfliege hat also eigentlich kein kurzes Leben, sondern eine Art Geheimleben, das man erst entdeckt, wenn man sich näher mit ihnen beschäftigt.

Übrigens: Wenn die Eintagsfliegen an großen Flüssen wie dem Rhein in riesigen Mengen schlüpfen und sich paaren, kommt es zu einem besonderen Phänomen. Die Fahrbahn von Flussbrücken ist dann nachts komplett mit toten Eintagsfliegen bedeckt und Magnet für viele Naturinteressierte.

Wo ist der Frosch, wenn der Teich zufriert?

Ab Mitte März könnt ihr sie hören, die lauten Rufe der Frösche im Teich. Zur Paarung bereit, quaken die Männchen nachts lautstark nach den Weibchen. Im Sommer ist es dann wieder ruhiger. Mit ein bisschen Glück könnt ihr dann einen Frosch beim Sonnen oder Insektenfang beobachten. Auch im Herbst sind sie öfter zu sehen, wenn sie sich in den warmen Sonnenstrahlen der Herbstsonne wärmen. Aber irgendwann sind sie auf einmal verschwunden und dann fragt ihr euch vielleicht, wo die Frösche sind, wenn es kalt wird und die Gewässer zufrieren.

Frösche überwintern entweder an Land oder im Wasser. Die Frösche, die den Winter an Land verbringen, suchen sich im Spätherbst frostsichere Verstecke in Tierbauten, Mauern und Wurzelhöhlen oder graben sich in weichen Boden ein. Hier fallen sie in eine **Kältestarre** und verharren so bis zum Frühling – es sei denn, sie werden zufällig von hungrigen Füchsen oder Mardern gefunden und gefressen.

Diesen Fressfeinden gehen die Frösche, die in Teichen oder Seen überwintern, geschickt aus dem Weg. Aber im kalten Nass lauern andere Gefahren und deshalb muss der Frosch sein Überwinterungsgewässer gut auswählen. Es sollte auf jeden Fall tiefer als 50 cm sein, damit es nicht komplett bis zum Grund durchfriert. Außerdem sollten einige Wasserpflanzen im Teich sein, die Sauerstoff abgeben. Am Grunde eines Teiches ist das Wasser fast immer 4 °C warm und enthält relativ viel Sauerstoff. **Wenn der Frosch zum Überwintern ins Wasser geht, lässt er sich auf den Grund sinken.** Hier gräbt er sich oft auch in den Schlamm ein und fällt in eine **Winterstarre,** in der er sich nur wenig bewegt.

Seine Körperfunktionen verlangsamen sich und sein Herz schlägt nur noch ein paar Mal in der Minute. Auf diese Weise verbraucht der Frosch nur sehr wenig Sauerstoff und dieses bisschen kann er über die Haut aufnehmen und braucht dafür nicht seine Lunge. Das hört

sich komisch an, aber Frösche können den Sauerstoff, der im Wasser gelöst ist, über ihre Haut aufnehmen und nutzen. Und da das Wasser bei 4 °C den meisten Sauerstoff speichern kann, hält sich der Frosch am Grunde eines Teiches an genau der günstigsten Stelle auf.

Wenn die Temperaturen wieder ansteigen, sinkt der Sauerstoffgehalt des Wassers und gleichzeitig wird der Frosch aktiver. Dann schwimmt er an die Wasseroberfläche, um Luft zu holen, und beginnt auch bald wieder laut zu quaken.

Übrigens: In kälteren Regionen der Erde haben einige Frösche geniale Tricks entwickelt, um in Eis und Schnee zu überleben. Der **nordamerikanische Waldfrosch** zum Beispiel lebt in fast arktischen Bereichen, in denen die Temperaturen im Winter immer weit unter null sinken. Im Herbst produziert der Frosch in seiner Leber große Mengen an Glukose, also Traubenzucker, und verteilt den Zucker als Frostschutzmittel im ganzen Körper. Im Winter gefriert der Frosch komplett: Atmung, Blutfluss, Herzschlag und Muskelbewegung setzen aus, aber der Zucker verhindert, dass die Zellen vollständig durchfrieren. Wird es im Frühjahr wärmer, taut der Frosch einfach wieder auf.

Die Bachexkursion

Auf eine richtige Exkursion zum Bach müsst ihr euch gut vorbereiten. Sucht euch für euren Ausflug einen kleinen Teich oder Bach aus, der ein flaches Ufer hat. Schaut euch ein paar Tage vor der Exkursion ruhig schon mal genauer um. Könnt ihr das Wasser gut erreichen oder ist der Uferrand hoch bewachsen? Gibt es einen Steg, über den ihr leicht ans offene Wasser kommt? Oder gibt es gar feste Beobachtungsstellen oder Unterstände, von denen aus ihr ungestört größere Tiere und Vögel beobachten könnt?

Der beste Zeitpunkt für dieses Experiment:
Im Wasser sieht man im Frühjahr und Sommer die meisten Tiere. Als Rastplatz für Zugvögel kann im Herbst auch der Uferbereich sehr interessant sein.

Hierfür braucht ihr:

- 1 Paar Gummistiefel
- 1 kleinmaschiges Küchen- oder Teesieb
- 1 weichen Pinsel
- 1 flache Kunststoffpinzette aus der Apotheke
- 1 leeres Gurken- oder Marmeladenglas mit Deckel
- 1 weiße Kunststoffschüssel
- 1 Lupe, gerne 1 Becherlupe
- 1 Notizblock und 1 Stift
- … und ganz wichtig, dieses Buch zum Bestimmen der Tiere und Pflanzen

So wird es gemacht:

- Sucht euch nach Möglichkeit einen schattigen Platz für eure Ausrüstung und zieht die Gummistiefel an.
- Stellt euch ans Ufer und füllt das Marmeladenglas mit Wasser.
- Zieht nun das Sieb langsam durchs Wasser und schaut immer wieder nach, ob Tiere im Sieb sind.
- Nehmt die Tiere vorsichtig mit dem Pinsel oder der Pinzette auf und gebt sie in das Glas.
- Fahrt mit dem Sieb auch über den Gewässerboden.
- Sucht die Pflanzenblätter im Sieb nach Tieren und Laich ab und gebt diese in das Glas.
- Leert das Glas mit allen Tieren in die weiße Schüssel.
- Betrachtet die Tiere mit der Lupe.
- Versucht, sie mithilfe dieses Buchs zu bestimmen, und notiert, was ihr gefangen habt.
- Bitte gebt alle Tiere zurück ins Wasser, wenn ihr sie genau angesehen und bestimmt habt.

Das könnt ihr beobachten:

In fast jedem Gewässer gibt es eine Vielzahl von Tieren, die ihr einfach bestimmen könnt: Schnecken, Würmer, Egel, Bachflohkrebse, Gelbrandkäfer, Wasserläufer, Wasserskorpione und verschiedene Insektenlarven sind fast immer dabei.

Tipp:

Manchmal hängen leere Hüllen von geschlüpften Libellenlarven an den Blättern von Uferpflanzen. Diese Hüllen sehen sehr schön aus und ihr könnt sie euch mit einer Lupe in aller Ruhe anschauen. Anschließend könnt ihr solche Hüllen in einer Pappschachtel trocken aufbewahren.

Die Teichlupe

Möchtet ihr mal Tiere und Pflanzen unter Wasser beobachten? Dann baut euch doch eine Teichlupe. Damit könnt ihr alles unterhalb der Wasseroberfläche betrachten, sogar ein wenig vergrößert. Und ihr werdet dabei gar nicht nass!

Der beste Zeitpunkt für dieses Experiment:
Dieses Experiment ist für einen sonnigen Frühjahrs- oder Sommertag geeignet.

Hierfür braucht ihr:

- 1 PET-Flasche (1,5 oder 2 l)
- 1 kleines Sägemesser
- Frischhaltefolie
- 1 Gummiband
- Klebeband

So wird es gemacht:

- Schneidet den Boden der PET-Kunststoffflasche vorsichtig mit dem Messer ab.
- Spannt die Klarsichtfolie straff über das untere Ende der Flasche.
- Befestigt die Folie mit dem Gummiband und zusätzlich mit dem Klebeband.
- Sucht euch einen Teich oder Bach mit einem festen Ufer.
- Setzt oder legt euch am Ufer auf den Boden, damit ihr nicht hineinfallt.
- Taucht die Flasche mit dem Folienboden voran senkrecht ins Wasser.
- Schaut dann durch den Flaschenhals ins Wasser und beobachtet, welche Tiere und Pflanzen unter Wasser leben.

Das könnt ihr beobachten:

Wenn das Wasser gegen die Klarsichtfolie drückt, wölbt diese sich nach oben – ganz ähnlich wie die Glaslinse einer Lupe. Diese Wölbung bewirkt, dass nun unter Wasser alles etwas größer erscheint: Pflanzen, Wasserflöhe, Bachkrebse, Schnecken, Insektenlarven, kleine Fische oder einfach nur Sand und Steine.

Tipp:

Bei einem tieferen Teich solltet ihr euch sicherheitshalber einen Steg suchen und euch darauf legen. Dann ist auch eine längere Teichlupe sinnvoll. Dazu nehmt ihr statt der Flasche eine feste Papprolle, auf der sonst Stoffe oder Teppiche aufgewickelt sind, und bespannt diese Röhre an einem Ende mit Folie. Damit ihr tief unten im Wasser auch noch etwas erkennen könnt, sollte der Teich möglichst klar sein und die Sonne scheinen.

Das Leben im Gebirge

Ein großer Teil der Erde ist nicht etwa flaches Land, sondern von Hügeln und Bergen bedeckt. Am auffälligsten sind natürlich die Gipfel der **Hochgebirge** wie die der Alpen, der südamerikanischen Anden oder des Himalajas in Asien, die weit über 2000 m hinausragen – manche sogar mehr als 6000 m oder 8000 m. Es gibt aber auch viele kleinere und niedrigere Gebirge: die **Mittelgebirge** wie den Harz oder den Schwarzwald, deren Berge nicht höher als 1500 m hoch sind.

In den Bergen leben viele, viele unterschiedliche Tiere und Pflanzen, weil es hier so viele verschiedene Lebensräume gibt. Da sind die üppigen Bergwiesen mit Blumen und Kräutern. Daneben gibt es aber auch Geröllfelder, tiefe Schluchten, windumtoste Grate, sanfte Berghänge sowie reißende Gebirgsbäche, ruhige Seen oder weite, ausgedehnte Flusstäler. Die extremsten Lebensbedingungen herrschen aber in den Gipfelregionen der **Hochgebirge.** Dort oben in mehr als 2000 m Höhe ist es im Winter eiskalt und alles ist tief verschneit. Im Sommer dagegen kann es dort sehr heiß und trocken werden.

Auch der Sauerstoffgehalt der Luft, der Luftdruck und die Temperatur in großer Höhe machen Tieren und Pflanzen zu schaffen. Tier- und Pflanzenarten nehmen deswegen mit zunehmender Höhe ab. Zum Beispiel sinkt die **Temperatur** alle 100 Höhenmeter um 1 °C. Trotzdem leben hier zahlreiche Tiere und Pflanzen, die es geschafft haben, sich an diese unwirtlichen Verhältnisse anzupassen. Selbst auf krümeligem Boden lugen zwischen Felsen oft Pflanzenpolster hervor, Moose und Flechten findet man sogar auf blanken Felsen, wo sonst gar nichts wächst. Nur dort, wo aufgrund von ständigem Frost ganzjährig Wassermangel herrscht, ist ein tierisches und pflanzliches Leben nicht mehr möglich.

Rekorde – die Gebirge der Welt

Der längste zusammenhängende Gebirgszug der Welt liegt im Westen von Amerika. Von Alaska im Norden bis Feuerland am äußersten Zipfel Südamerikas ist er mehr als 15 000 km lang. Er ändert in seinem Verlauf seinen Namen: In Nordamerika heißt er **Rocky Mountains,** in Südamerika sprechen wir von den **Anden.**
Das höchste Gebirge der Welt aber liegt in Asien: der **Himalaja.** Mehr als 30 seiner Gipfel sind höher als 7500 m und hier befindet sich auch der höchste Berg der Welt, der 8864 m hohe **Mount Everest.** Der Himalaja bedeckt eine Fläche, die so groß ist wie ganz Westeuropa.
Das größte und höchste Gebirge in Europa sind die **Alpen.** Sie erstrecken sich in einem großen Bogen mehr als 1100 km von Frankreich über die Schweiz und Italien bis ins östliche Österreich. Die breiteste Stelle dieses Bogens misst 250 km.

Generell wachsen im Hochgebirge Nadelhölzer besser als Laubbäume, die man dort nur noch als Zwergform findet, wie etwa die Weide. Bäume haben hier keine Chance, ihre volle Größe zu erreichen – zu stark bläst der eiskalte Wind. Ganz vereinzelt wachsen **Wetterbäume.** Diese heißen so, weil sie vom Wind gebeugt und zerzaust sind und ganz schief oder nur in eine Richtung wachsen.

Anpassungen an das Leben im Hochgebirge

Tiere und Pflanzen, die in den eiskalten Höhen überleben wollen, müssen sich einiges einfallen lassen. Besonders **Pflanzen,** die ja nicht einfach weglaufen können, haben es im Hochgebirge nicht leicht. Häufig findet man unter ihnen **niedrige Polsterpflanzen** und andere, die sich flach an den Boden drücken. So bieten sie dem Wind nur wenig Angriffsfläche. Zudem sind die **Wurzeln** von Bergpflanzen oft um ein Mehrfaches größer als die oberirdischen Teile. So können die Pflanzen Trockenzeiten besser überstehen. Andere Pflanzen haben **fleischige Blätter,** in denen sie Wasser speichern können und die unempfindlich gegen die starke UV-Strahlung in großer Höhe sind.
Auch die **Tiere** sehen im Hochgebirge anders aus als ihre im Tiefland lebenden Verwandten. Ihre Körper sind oft runder und kompakter und die Ohren kleiner. Auf diese Art wird die Körperoberfläche des Tiers kleiner, wodurch weniger Wärme verloren geht. Ein besonders dichtes Winterfell und eine dicke Speckschicht schützen zusätzlich vor der Kälte. Und im Hochgebirge lebende Reptilien und Amphibien bringen lebende Junge zur Welt – das ist sicherer, als Eier abzulegen, die in der Kälte vielleicht absterben könnten und zudem nicht genug Zeit hätten, sich im oft kurzen Sommer zu entwickeln. Auch hilft die dunkle Färbung des Körpers der Tiere, die Sonnenwärme besser aufzunehmen.

Doch die schlimmste Bedrohung für Pflanzen und Tiere sind der Mensch und seine Eingriffe in die Natur. Durch die Rodung von Wald steigt die Gefahr von Lawinen, die ungehindert zu Tal donnern können. Auch Skipisten tragen ihren Teil zur Zerstörung der Bergwiesen bei. Ganz zu schweigen von dem Lärm, der die Tiere verschreckt. **Die Folge ist, dass viele Tiere abwandern, weil ihre Lebensräume zerstört sind oder sie sich bedroht fühlen.**

Mittelgebirge

In den Mittelgebirgen geht es im Vergleich zu den Gipfeln der Hochgebirge wesentlich freundlicher zu. Die höchsten Gipfel liegen hier knapp über oder unterhalb der **Baumgrenze** bei etwa 1500 m. Oberhalb der Baumgrenze stehen nur noch einzelne, von Wind und Sturm zerzauste Bäume, die es irgendwie geschafft haben, an einer geschützten Stelle Wurzeln zu schlagen und den hier herrschenden Lebensbedingungen zu trotzen.

Mittelgebirge in Deutschland sind der Schwarzwald, der Taunus, der Harz, der Bayerische Wald, der Teutoburger Wald, das Bergische Land, die Eifel, der Odenwald und viele andere. Dabei ist der Feldberg im Schwarzwald mit 1493 m der höchste Gipfel, der Heidbrink im Wiehengebirge bringt es dagegen gerade einmal auf 320 m.
Eine Besonderheit sind die Gebirge, die ihre Entstehung der Aktivität von Vulkanen verdanken. In der Eifel fand der letzte Vulkanausbruch vor etwa 6000 Jahren statt. Dort findet ihr noch heute **Maare,** das sind kreisrunde Seen im ehemaligen Krater eines Vulkans.

In Mittelgebirgen sind die Winter nicht so lang und hart wie in den hohen Lagen. Hier bedecken ausgedehnte **Misch- und Nadelwälder** die Berge, und in den weiten Tälern und auf den sanften Berghängen wimmelt es nur so vor Leben. Besonders in den Laubmischwäldern leben viele Vögel wie die Nachtigall, Spechtarten oder das Rotkehlchen. Mit viel Glück sieht man einen Luchs oder eine Wildkatze. In der Dämmerung kommen Hirsche und Rehe aus dem Wald, um auf den Lichtungen und Wiesen zu äsen. So nennt man das Grasen bei Rehen und Hirschen. In der Nacht sind ganz andere Tiere aktiv. Fledermäuse flattern entlang der Wege, zwischen den Bäumen jagen Eulen im lautlosen Flug. Auch Fuchs und Dachs sind jetzt unterwegs auf der Suche nach Fressbarem.

Braunbär – Kuscheltier oder Raubtier?

(Ursus arctos)

Wenn ihr einem Bären in freier Wildbahn begegnet, solltet ihr euch darüber klar sein, dass er ein sehr kräftiges **Raubtier** ist und nicht etwa ein Kuscheltier. Obwohl er so plump und behäbig aussieht, kann der Bär sehr schnell laufen. Und wegen seiner langen Hinterbeine läuft er bergauf sogar noch schneller als in der Ebene. Er ist auch ein guter Kletterer und Schwimmer.

Bären greifen Menschen normalerweise nicht an. Trotzdem ist Vorsicht geboten, weil der Gesichtsausdruck eines Bären immer gleich ist und nichts über seine Stimmung verrät. Sehr gefährlich ist eine Bärenmutter, wenn ihren Jungen Gefahr droht.

Bären waren früher einmal über ganz Europa verbreitet und häufig. Heute sind sie fast ausgestorben und in freier Wildbahn nur noch sehr selten zu sehen. Ihr Lebensraum ist knapp geworden. Bären brauchen nämlich ein großes, zusammenhängendes Revier mit einer Fläche von mehreren Hundert Fußballfeldern, in dem sie nachts auf Nahrungssuche umherstreifen. Solche Gebiete gibt es in Europa fast nur noch in abgelegenen Gebirgsregionen.

Bären sind **Allesfresser.** Mit einem sprichwörtlichen Bärenhunger machen sie sich über Kartoffeln, Wurzeln, Pilze, Nüsse und Beeren her. Aber auch Fische, Mäuse, Frösche und Schnecken vertilgen sie. Größere Tiere wie Rehe erlegt ein Bär nur selten. Besonders gern naschen Bären den Honig aus den Nestern von Wildbienen.

Im Spätherbst begeben sich Bären in den **Winterschlaf.** Dazu suchen sie eine Höhle oder einen anderen geschützten Platz auf. Vorher fressen sie sich eine dichte Speckschicht an. Das ist wichtig, weil sie bis zum Frühjahr keine Nahrung mehr aufnehmen und von ihren Reserven leben. Während des Winterschlafs sinkt die Körpertemperatur der Bären und ihr Herz schlägt langsamer.

Eine Besonderheit ist, dass Bären ihre Jungen im Winterlager zur Welt bringen. Bei der Geburt sind die Jungtiere blind und nackt und nicht viel größer als eine Ratte. Sie kuscheln sich dicht ans Fell der Mutter und saugen an deren Zitzen Milch. Im Frühjahr verlassen sie alle gemeinsam die Höhle. Zwei Jahre bleiben die Jungbären bei der Mutter, bevor sie selbstständig werden und sich alleine versorgen.

Alpenmurmeltier **(Marmota marmota)**

Aussehen: Murmeltiere wirken plump und haben an den Vorderpfoten lange Krallen. Wie alle Nagetiere besitzen sie außerdem vier kräftige Nagezähne.
Lebensraum: Die flinken Nager leben in 800–3000 m Höhe auf Hochalmen und in den Geröllfeldern der Alpen.
Lebensweise: Murmeltiere leben in Familienverbänden von 5–12 Tieren. Ihr Sommerbau liegt hoch oben in den Bergen. Hier gibt es Vorratskammern und eine mit Heu gepolsterte Hauptkammer, in der die Murmeltiere schlafen und ihre Jungen aufziehen. Den Tag verbringen sie mit Dösen, Spielen und Fressen. Das können sie auch in Ruhe tun, denn ein Wachposten warnt alle mit einem schrillen Pfiff, sobald er einen Feind erspäht. Gegen Spätherbst ziehen die wachsamen Tiere sich dann in tiefer gelegene Gebiete zurück. Hier bewohnen sie ihren Winterbau, den sie zuvor mit viel Heu gemütlich ausgepolstert haben.

Murmeltiere verbringen fast ein halbes Jahr im Winterschlaf. Deswegen sagt man auch, jemand »schläft wie ein Murmeltier«. Dabei liegen oft bis zu 15 Tiere dicht an dicht aneinandergekuschelt in einer Schlafhöhle. Den Kopf stecken sie während des Schlafens zwischen die Hinterbeine.

Gämse **(Rupicapra rupicapra)**

Gämsen haben einen sehr feinen Geruchssinn, mit dem sie wie Hunde Spuren verfolgen können. So können die Kitze ihre Mutter wiederfinden, wenn sie einmal von ihr getrennt wurden.

Aussehen: Gämsen ähneln Ziegen, ihr Kopf ist jedoch schwarz-weiß. Männchen und Weibchen tragen kleine, nach hinten gebogene Hörner. Im Sommer haben Gämsen ein hellbraunes Fell, im Winter ist es schwarzbraun.
Lebensraum: Die flinken Tiere leben im Hochgebirge oberhalb der Baumgrenze an steilen, mit Gras bewachsenen Hängen. Im Winter ziehen sie in tiefer gelegene Bergwälder.
Lebensweise: Gämsen sind richtige Kletterkünstler. Geschickt springen sie von Fels zu Fels. Dabei setzen sie die Vorderfüße sehr behutsam auf, um nur keinen Stein loszutreten. Den Sommer über leben die Geißen mit ihren Jungen in Rudeln, die Böcke sind Einzelgänger und kämpfen im Herbst miteinander um ihr Revier. Dann hört man ihr seltsames grunzendes Meckern. Ab Ende Mai kommen die Kitze zur Welt. Schon kurz nach der Geburt hüpfen sie munter umher. Gämsen ernähren sich von Gräsern und Kräutern. Im Winter fressen sie Moose und Flechten, aber auch die Rinde von Bäumen.

Alpensteinbock – waghalsiger Kletterkünstler

(Capra ibex)

Der Alpensteinbock ist eine **Wildziege** und nahe verwandt mit unserer Hausziege. Ausgewachsene Böcke tragen mächtige, säbelförmig gebogene Hörner, die bis zu 1 m lang werden können. Typisch ist auch der Kinnbart. Die Hörner der Weibchen sind etwa so groß wie die einer Hausziege und nicht so stark gebogen. Das Fell des Alpensteinbocks ist im Winter gräulich, im Laufe des Sommers färbt es sich dunkelbraun.

Steinböcke leben oberhalb der Waldgrenze bis in Höhen von weit über 3000 m. Sie fressen Kräuter, Knospen, Zwergsträucher und im Winter knabbern sie Moose und Flechten. Wie alle Hornträger sind sie **Wiederkäuer.** Das heißt, dass sie den hinuntergeschluckten und vorverdauten Nahrungsbrei wieder hochwürgen und nochmals gründlich zerkauen. Erst dann wird die Nahrung erneut verschluckt und richtig verdaut.

Steinböcke bewegen sich sehr geschickt. Waghalsig springen sie über die Felsen oder über schwindelerregende Abgründe. Dabei verfehlen sie nie ihr Ziel. Selbst auf kleinsten Unebenheiten an einer Felswand können sie den Fuß aufsetzen und stehen. Dabei helfen ihnen spezielle **Hufe:** In deren Mitte ist ein weicher Zehenballen, der wie ein Haftpolster wirkt, am Rand sind die Hufe dennoch so hart, dass ihnen die nackten Felsen nichts anhaben können.
Im Mai oder Juni bringt das Weibchen ein Junges zur Welt, selten auch zwei. Das **Kitz** kann vom ersten Tag an laufen und klettern. Es folgt der Mutter auf Schritt und Tritt. Sie säugt es den ganzen Sommer, aber auch danach bleibt das Junge bei ihr. Die jungen Böcke verlassen im Alter von etwa zwei Jahren die Herde, um sich einem **Rudel** Gleichaltriger anzuschließen. Hier messen sie spielerisch ihre Kräfte und kämpfen zum Schein miteinander. Doch erst mit etwa sechs Jahren sind sie so kräftig, dass sie einen erwachsenen Bock zur Paarungszeit im Winter herausfordern können, um ihm ein Weibchen streitig zu machen. Bei einem solchen Kampf richten sich die Böcke auf den Hinterbeinen auf und prallen geräuschvoll mit den Hörnern zusammen.

Früher gab es in den Alpen viele Steinböcke. Eine Eigenschaft wurde ihnen jedoch zum Verhängnis: Sie sind zutraulich und lassen mögliche Feinde nah an sich heran. Das hat die Jagd auf sie ganz einfach gemacht und sie wurden wegen ihrer prächtigen Hörner fast ausgerottet. Nachdem im Alpenraum vor rund 70 Jahren wieder Steinböcke ausgesetzt wurden, leben dort heute wieder viele Tausend von ihnen.

Luchs (Lynx lynx)

Aussehen: Luchse werden bis zu 130 cm lang und 80 cm hoch. Ihr Kopf ist rundlich und sie haben einen richtigen Backenbart. Am besten erkennt man sie aber an den kleinen Haarpinseln auf den Ohren.
Lebensraum: Am wohlsten fühlen sich Luchse in Gebirgswäldern mit dichtem Unterholz, Felsen und Lichtungen. Nachdem sie vor über 100 Jahren in Deutschland fast ausgestorben waren, leben heute wieder einige dieser Raubtiere in unseren Wäldern, zum Beispiel im Bayerischen Wald und im Harz.
Lebensweise: Der Luchs jagt in der Dämmerung und in der Nacht. Von einem erhöhten Platz aus lauert er auf Beute. Sobald ein Tier nahe genug ist, springt er los – bis zu 5 m weit! Sein Opfer tötet er mit einem Kehlbiss. Luchse fressen kleine Rehe und Hirschkälber, Füchse, Hasen und andere kleine Säugetiere. Im Frühsommer kommen bis zu vier blinde Junge zur Welt. Sie werden von der Mutter über 5 Monate gesäugt, bevor sie alleine auf Jagd gehen.

Luchse haben sehr gute Ohren. Sie können einen Hasen in einer Entfernung von über 50 m fressen hören. Im Winter wächst Luchsen ein dichteres Fell, auch die Pfoten sind dann stärker behaart und ähneln jetzt Schneeschuhen. So können sie über den Schnee laufen, ohne zu versinken.

Schneehase (Lepus timidus)

Aussehen: Schneehasen sind etwas kleiner als Feldhasen und haben wesentlich kürzere Ohren. Im Sommer ist ihr Fell graubraun, im Winter aber weiß. So sind sie sowohl im sommerlichen Graubraun der Berge als auch im Schnee bestens getarnt. Nur die Spitzen der Ohren sind auch im Winter schwarz.
Lebensraum: Schneehasen leben in den Alpen bis über 3000 m.
Lebensweise: Die Tarnkünstler ernähren sich von Gräsern und Kräutern. Tagsüber verstecken sie sich in einer Mulde oder zwischen Felsen, erst am Nachmittag werden sie aktiv und gehen auf Nahrungssuche.
Die Pfoten der Schneehasen sind sehr breit. Damit können sie über den Schnee laufen, ohne einzusinken. Ihre rundliche Körperform und die kurzen Ohren sind eine weitere Anpassung an das Leben im kalten Hochgebirge. Beides verringert die Körperoberfläche der Hasen, wodurch sie nicht so viel Wärme verlieren.

Die Pfoten der Schneehasen haben noch einen Trick auf Lager. Sie haben ein besonderes Fell: Zwischen dessen langen Haaren bildet sich ein Luftpolster, das wie eine Noppenfolie aus dem Baumarkt vor Kälte schützt.

Steinadler – König der Lüfte

(Aquila chrysaetos)

Steinadler leben in den **Felsregionen** der Hochgebirge und in Gebirgswäldern. Hier jagen sie im Gleitflug über freien Flächen, die oberhalb der Baumgrenze liegen. Groß und majestätisch wirken sie, wenn sie mit ihren Flügeln wie Segelflieger stundenlang im Gleitflug am Himmel kreisen. Flügel und Schwanz sind dann weit gespreizt.

Die **Handschwingen,** das sind die langen Federn am Ende der Flügel, streckt der Adler aus wie Finger. Mit ihnen passt er die Geschwindigkeit an. Zum Steuern und Bremsen dient der Schwanz. Einen fliegenden Steinadler erkennt ihr übrigens daran, dass er den Kopf weit nach vorne streckt und die Flügel etwas v-förmig nach hinten gebogen sind. Seine Flügelspannweite kann mehr als 2 m messen.

Der Steinadler jagt im niedrigen **Suchflug** oder von einem erhöhten Ansitz aus. Mit seinen scharfen Augen späht er nach Beute. Adler sehen um ein Vielfaches besser als Menschen, nicht umsonst sagt man, jemand habe Augen wie ein Adler. Am liebsten frisst er mittelgroße Säugetiere wie Hasen oder Murmeltiere. Er jagt aber auch Schneehühner und kleine Nagetiere. Die kräftigen Fänge mit den scharfen Krallen können sogar ein junges Reh- oder Gämskitz packen. Im Winter frisst er auch verendete Wildtiere.

Ihr Nest, den **Horst,** bauen Adler in unzugänglichen Felswänden, manchmal auch auf Bäumen. Darin legt das Weibchen ab März die Eier, aus denen nach einer Brutzeit von 43 bis 45 Tagen die Jungen schlüpfen. Sie tragen in den ersten Lebenswochen einen reinweißen, feinen Daunenflaum. Viele Adlerküken sterben früh, nur drei von zehn Jungvögeln erreichen die Geschlechtsreife.

In den Alpen wurden Steinadler früher gejagt und dadurch fast ausgerottet. Grund für die Jagd war, dass die Adler angeblich junge Schafe und sogar Kälber töten. Das kommt aber nur höchst selten vor und heute ist die Jagd auf Adler verboten. Mittlerweile leben wieder um die 200 Brutpaare in den Alpen, etwa 50 davon in den Bayerischen Alpen. Steinadler sind aber trotzdem nach wie vor stark gefährdet.

Bartgeier – gigantischer Greifvogel

(Gypaetus barbatus)

Der Bartgeier ist ein majestätischer Vogel mit kontrastreichem Gefieder. Über seinem Schnabel hängen Federn weit herunter, sodass sie wie ein Bart aussehen. Von ihnen hat der Geier seinen Namen. Seine Flügelspannweite beträgt fast 3 m, damit ist er der größte **Greifvogel** in Europa. Gleichzeitig ist er aber auch einer der seltensten Vögel. In den Alpen war er sogar schon völlig ausgerottet, der letzte Geier wurde hier im Jahr 1913 erlegt. Der Grund ist sein schlechter Ruf. Man war fest davon überzeugt, dass der Riesenvogel Lämmer tötet. Daher ist sein zweiter Name auch Lämmergeier. Sogar kleine Kinder soll er davongetragen haben. Das ist aber Unfug, denn Bartgeier ernähren sich von Aas und Knochen – sie schlagen keine Lämmer und Kinder schon gar nicht. Vor etwa 35 Jahren wilderten Forscher und Naturschützer dann in den Alpen wieder Bartgeier aus. Erfreulicherweise konnten sich die majestätischen Vögel inzwischen vermehren, sodass heute in den Alpen wieder über hundert von ihnen leben.

Bartgeier leben oberhalb der Baumgrenze in Höhen von bis zu 3000 m. Hier fliegen sie an Felswänden entlang und über die Berggipfel und suchen nach verendeten Tieren. Das ist einzigartig, kein anderer Greifvogel ernährt sich von Aas und Knochen. Bartgeier können jedoch bis zu 18 cm lange Knochen am Stück verschlucken. Ist ihnen ein Knochen zu groß, ergreifen sie ihn, schwingen sich in die Lüfte und lassen ihn aus rund 60 m Höhe auf ein großes Felsplateau fallen. Das wiederholen sie so oft, bis der Knochen zerbricht. Einen Platz, an dem Bartgeier Knochen abwerfen, nennt man **Knochenschmiede.** Verdaut wird der Knochen dann mithilfe eines besonderen Verdauungssafts im Magen.

Bartgeier bauen riesengroße Horste. Sie nutzen diese immer wieder und erweitern sie im Lauf der Jahre. Dort hinein legt das Weibchen im Abstand von einer Woche meist zwei Eier. Allerdings stirbt das später schlüpfende Küken meistens, weil es sich nicht gegen sein älteres Geschwister durchsetzen kann.

Kreuzotter – lautloser Jäger

(Vipera berus)

Die Kreuzotter ist unsere einzige **Giftschlange.** Und sie ist auch die einzige Schlange, die hoch in den Bergen leben kann. In den Alpen könnt ihr sie sogar in 3000 m Höhe finden. Das sind dann sogenannte Höhlenottern, die ganz schwarz gefärbt sind. Im Sommer liegen sie oft stundenlang in der Sonne, um Wärme zu tanken.

Reptilien erzeugen nämlich nicht wie etwa Säugetiere ihre eigene Körperwärme, sondern sind auf die Außentemperatur angewiesen. Deshalb jagen die bis zu 80 cm langen Kreuzottern im Hochgebirge, wo die Nächte kalt sind, in erster Linie tagsüber, im Tiefland hingegen in der Nacht. Wenn es sehr kalt wird, fallen Kreuzottern wie alle Reptilien in eine **Kältestarre.** Den Winter verbringen sie in Felsspalten oder Nagerhöhlen. Dann finden sich manchmal über 20 Tiere zusammen und bilden einen richtigen Klumpen.

Kreuzottern brüten ihre Eier im Mutterleib aus und bringen ihre Jungen lebend zur Welt. Schon nach wenigen Minuten häuten sich die Jungtiere zum ersten Mal und gehen sofort auf die Jagd. Wie die erwachsenen Tiere jagen sie Mäuse, Frösche und Eidechsen. Mit weit geöffnetem Rachen und hochgestellten Giftzähnen schlagen die Schlangen blitzartig zu, wenn sich ein Opfer zu nahe herantraut. Dabei spritzen sie durch ihre hohlen **Giftzähne** Gift in den Körper der Beute, was zum schnellen Herzstillstand führt. Anschließend verschlingen sie ihr Opfer als Ganzes.

Menschen werden selten gebissen, da Kreuzottern scheu sind und lautlos davonkriechen, sobald sich jemand nähert. Aus diesem Grund bekommt ihr die Ottern mit dem Zickzackband auf ihrem Rücken auch nur selten zu Gesicht. Nur wenn eine dieser Schlangen nach einer kalten Nacht frühmorgens noch träge und unbeweglich ist, kann es passieren, dass sie nicht rechtzeitig fliehen kann und man aus Versehen auf sie tritt. Dann beißt sie zu. Der Biss ist nicht tödlich, aber sehr unangenehm. Er muss in jedem Fall so schnell wie möglich von einem Arzt behandelt werden. In Gegenden, in denen viele Kreuzottern leben, sollte man Gummistiefel oder feste Schuhe tragen und immer nachschauen, ob sich auf dem Stein, auf den man sich setzen möchte, vielleicht gerade eine Schlange sonnt.

Alpensalamander (Salamandra atra)

Aussehen: Alpensalamander sind einfarbig schwarz. Auf ihrem Rücken tragen sie zwei Reihen rundlicher warzenartiger Erhebungen.
Lebensraum: Die dunklen Lurche leben in hochgelegenen Berglaubwäldern ab 800 m. In den Alpen kann man sie sogar noch in 3000 m Höhe antreffen.
Lebensweise: In der Nacht geht der Alpensalamander auf Nahrungssuche. Er frisst Insekten, Würmer, Schnecken und Tausendfüßer. Im Gegensatz zu seinen Verwandten im Tiefland lebt der Alpensalamander ausschließlich an Land. Er sucht auch kein Gewässer auf, um dort seine Eier abzulegen. Alpensalamander bringen nämlich lebendige Junge zur Welt. Das unterscheidet sie von anderen Salamanderarten, die Eier legen, aus denen Larven schlüpfen, die sich später zu voll ausgebildeten Salamandern entwickeln. Dies ist eine Anpassung an den kalten Lebensraum, denn in den kurzen Sommern und kalten Gebirgsgewässern wäre eine langsame Entwicklung vom Ei über die Larve bis zum Salamander nicht möglich.

Alpensalamander scheiden über ihre Haut einen giftigen Stoff aus. So werden sie von anderen Tieren nicht gefressen.

Gletscherfloh (Isotoma saltans)

Aussehen: Der Gletscherfloh gehört zu den Springschwänzen, einer urtümlichen Insektenart, die schon vor 400 Millionen Jahren lebte – also noch vor den Dinosauriern. Der schwarze flügellose Floh wird gerade einmal 2,5 mm groß und ist am ganzen Körper dicht behaart.
Lebensraum: Gletscherflöhe leben hoch in den Bergen in den luftgefüllten Poren von Eis und Schnee. Oft sieht man sie auch in großen Mengen unter Steinen verborgen, die im Eis stecken.
Lebensweise: Gletscherflöhe sind einige der wenigen Tiere, die ausschließlich in Eis und Schnee leben können. Sie ernähren sich von Blütenstaub, der vom Wind herbeigeweht wird. Sogar die Eier legen Gletscherflöhe auf dem Eis ab. Die Jungen entwickeln sich darin bei Temperaturen bis zu –5 °C.

Die Körperflüssigkeit des Gletscherflohs enthält viel Zucker, was dazu führt, dass die Flüssigkeit und damit der Floh nicht einfrieren. Bei starkem Frost entleeren die kleinen Überlebenskünstler außerdem ihren Magen, damit sich darin keine Eiskristalle bilden. Auf diese Art können sie Temperaturen bis zu –16 °C gut überstehen.

Latschenkiefer

(Pinus mugo)

Merkmale: Die Latschenkiefer ist eine besondere Wuchsform der Bergkiefer. Sie wächst strauchförmig und wird höchstens 1–3 m hoch. Ungewöhnlich ist, dass der Stamm flach am Boden liegt. Aus ihm heraus wachsen die Äste bogenförmig nach oben und bilden ein dichtes Gestrüpp, den Latschenfilz. Die Nadeln der Latschenkiefer sind bis zu 5 cm lang.
Vorkommen: Latschenkiefern sind wahre Überlebenskünstler. Sie können im Gebirge in einer Höhe von 1000–2700 m wachsen. Meist findet ihr sie oberhalb der eigentlichen Baumgrenze. Latschen sind sehr wichtige Pflanzen im Gebirge. Mit ihren flachen, sich weit ausbreitenden Wurzeln festigen sie das Geröll.
Wissenswertes: Latschenkiefern wachsen unter rauen Bedingungen sehr langsam. Sogar der Stamm einer 300 Jahre alten Kiefer ist nicht dicker als 7 cm. Die Äste der Latschenkiefer sind sehr elastisch und können dem Druck von aufliegendem Schnee gut widerstehen. Ihr Holz ist sehr fest und dunkelt mit der Zeit nach. Wir Menschen nutzen es hauptsächlich zum Drechseln und Schnitzen.

Europäische Lärche (Larix decidua)

Merkmale: Die Lärche hat hellgrüne weiche Nadeln, die nicht piksen und in dichten Büscheln an den Ästen sitzen. Die Rinde junger Bäume ist eher gelblich, später färbt sie sich graubraun. Die Baumkrone der Lärche hat die Form eines Kegels. Ihre Zweige hängen herab, sind aber an den Enden nach oben gebogen. Die Blüten sind kleine Zapfen, in denen sich winzige Samen entwickeln, die vom Wind verbreitet werden.
Vorkommen: Lärchen wachsen wild ab einer Höhe von 1600 bis 2400 m und lieben sonnige Standorte. Sie wachsen auf jeder Art von Boden und halten sich sogar an steilen Hängen. Zudem sind sie völlig unempfindlich gegen Frost und Hitze.
Wissenswertes: Die Lärche ist der einzige europäische Nadelbaum, der seine Nadeln abwirft. Vorher verfärben diese sich goldgelb. Lärchen können bis 500 Jahre alt und dabei 50 m hoch werden. Man weiß sogar von einzelnen Bäumen, die mehr als 700 Jahre alt sind. Deren Stamm ist dann über 1 m dick. Lärchenholz ist fest und widerstandsfähig und als Bauholz sehr beliebt.

Schneeheide (Erica carnea)

Merkmale: Die Schneeheide ist ein kriechender Zwergstrauch mit dünnen, stark verzweigten Ästchen. Ihre Blättchen sind nadelförmig und sehen fast aus wie die des Rosmarins, den ihr daheim vielleicht beim Kochen verwendet. Die glockenförmigen rötlichen Blüten erscheinen schon früh im Winter und blühen bis in den Mai. In dieser Jahreszeit ist die Schneeheide eine wichtige Futterpflanze für Bienen und viele Schmetterlinge.
Vorkommen: Die Schneeheide wächst hauptsächlich in den Alpen bis in eine Höhe von 2700 m.
Wissenswertes: Zwergsträucher wie die Schneeheide sind den Bedingungen im Hochgebirge gut angepasst: Mit ihrer geringen Größe können sie der eisigen Kälte und den starken Winden im Hochgebirge viel besser trotzen als hohe Sträucher. Außerdem lebt in den Wurzeln der Schneeheide ein Wurzelpilz, der den Strauch mit Nährstoffen versorgt. Auch das hilft der Pflanze, in dieser unwirtlichen Gegend zurechtzukommen.

Silberdistel (Carlina acaulis)

Merkmale: Silberdisteln bilden niedrige Rosetten mit dornigen Blättern. In der Mitte sitzt auf einem kurzen Stiel die einzige Blüte. Ihren Namen verdankt die hartblättrige Pflanze ihren silbergrauen Blütenblättern.
Vorkommen: Silberdisteln wachsen im Gebirge auf beweideten Wiesen, entlang von Wegen und Böschungen. Auch an steinigen Abhängen könnt ihr sie finden.
Wissenswertes: Die dornigen Blätter der Silberdistel schützen die Pflanze davor, gefressen zu werden. Weitere Anpassungen an das Leben im Hochgebirge sind lange, tief in die Erde reichende Wurzeln. So trocknet die Distel auch auf steinigem Boden nicht aus. Unter einer dicken Schneedecke kann die niedrig wachsende Pflanze auch den Winter unbeschadet überstehen. Viele Bergwanderer nutzen die Silberdistel zur Wettervorhersage. Bei feuchter Witterung schließt sie ihren Blütenkorb, an sonnigen und trockenen Tagen ist er offen.

Der Blütenkorb mit den silbrigen Hüllblättern sieht sehr dekorativ aus, weshalb die Silberdistel früher ein beliebtes Mitbringsel von einer Bergwanderung war. Dadurch ist die schöne Pflanze aber so selten geworden, dass sie heute streng geschützt ist.

Küchenschelle (Pulsatilla vulgaris)

Merkmale: Die leuchtend violetten Blüten der Küchenschelle zählen mit zu den schönsten in der Bergwelt. Am Anfang sehen sie aus wie kleine Glocken, später biegen sich die Blütenblätter etwas zurück. Dann sind die leuchtend gelben Staubgefäße in der Mitte gut zu sehen. Ihr könnt die Blüten von März bis Mai bewundern.
Vorkommen: Die Küchenschelle wächst in lichten Wäldern, an sonnigen Hügeln, auf Heidewiesen und an steinigen Abhängen. Sie mag trockene, warme Plätze und kalkigen Boden.
Wissenswertes: Küchenschellen sind giftig! Empfindliche Menschen reagieren schon auf Berührung mit Hautrötung und Schwellungen. Trotzdem ist die Küchenschelle eine wichtige Arzneipflanze, die schon von den Kelten vor rund 2500 Jahren benutzt worden ist, zum Beispiel zur Behandlung von Rheuma oder Kopfschmerzen.

Flechten (Lichenes)

Merkmale: Flechten können ganz unterschiedlich aussehen. Manche bilden breite herabhängende Lappen, andere haben Auswüchse, die wie kleine Geweihe aussehen. Wieder andere ähneln einem kleinen Badeschwamm. Und viele wachsen ganz flach und sehen aus wie Schorf auf einer abgeheilten Wunde.
Vorkommen: Flechten findet man dort, wo sonst keine Pflanze gedeihen kann, nämlich auf unbeweglichen Unterlagen wie blankem Fels und auf der Rinde von Bäumen. Im Hochgebirge fallen sofort die Landkartenflechten auf. Sie bilden auf den Steinen unübersehbare intensiv gefärbte Flecken. Wichtig für Flechten ist saubere Luft, sie reagieren sehr empfindlich auf Luftverschmutzungen aller Art. Unter günstigen Bedingungen können Flechten viele Hundert Jahre alt werden.
Wissenswertes: Flechten sind eigentlich keine richtigen Pflanzen, sondern eine Lebensgemeinschaft von Pilzen und Algen. Der Pilz bildet dabei den Flechtenkörper, in ihm eingeschlossen leben meist einzellige Grünalgen. Die beiden arbeiten eng zusammen, keiner kann ohne den anderen leben: Der Pilz schützt die Alge vor dem Austrocknen und die Alge versorgt den Pilz mit verschiedenen Zuckerstoffen, die sie mithilfe von Licht, Sauerstoff und Kohlendioxid aus der Luft selber herstellt. Eine solche Lebensgemeinschaft, die beiden Seiten Nutzen bringt, nennt man Symbiose.

Steinbrechgewächse (Saxifraga)

Merkmale: Es gibt über 500 Steinbrecharten. Viele von ihnen wachsen hoch in den Bergen. Sie haben kleine fleischige Blätter, die am Boden flache Kissen oder Polster bilden. Die zierlichen Blüten ragen aus diesen Polstern hervor und schweben darüber wie kleine Sterne. Eines ist allen gemeinsam: Die Blüte von Steinbrechgewächsen hat fünf Blütenblätter, zehn Staubgefäße und zwei verwachsene Fruchtknoten.

Vorkommen: Steinbrechgewächse sind typische Pflanzen der Alpen. Sie mögen steinigen Untergrund, Steilhänge und wachsen sogar auf Geröllhalden. Der Fettkraut-Steinbrech kommt noch in 2800 m Höhe vor. Der Rekordhalter unter den Gipfelstürmern ist aber der Moossteinbrech. Ihn findet man noch in 4200 m Höhe.

Weil Steinbrechgewächse oft in Felsspalten wachsen, dachte man früher, sie sprengen und brechen den Fels. Daher ihr Name. Die meisten Gebirgssteinbreche sind sehr selten und dürfen nicht gepflückt werden.

Leimkraut (Silene vulgaris)

Merkmale: Das Leimkraut gehört zur großen Pflanzenfamilie der Nelkengewächse. Ihr erkennt es sofort an seinem ungewöhnlichen Blütenkelch. Dieser sieht aus, als hätte ihn jemand aufgeblasen. Da der kleine Ballon an den Kropf einer Taube erinnert, nennt man die Pflanze auch Taubenkropf-Leimkraut. Gekrönt wird der ballonförmige Kelch von weißlichen, zweigeteilten Blütenblättern. Leimkraut wird bis zu 50 cm hoch.

Vorkommen: Das Leimkraut kommt in ganz Europa vor. Es mag trockene, kalkhaltige Böden. Im Gebirge wächst es bis in 2500 m Höhe. Hier gedeiht es auf nährstoffarmen Bergwiesen und sogar auf Schotter und an Felshängen. Das ist möglich, weil die Wurzeln des Leimkrauts mehr als 1 m in die Tiefe reichen.

Wissenswertes: Leimkraut kann nur von Insekten bestäubt werden, deren Rüssel lang genug ist, um den Boden des Kelchs zu erreichen. Das sind in erster Linie Bienen, vor allem aber Nachtfalter. Um sie anzulocken, verströmt das Leimkraut in der Nacht einen angenehmen Duft. Es kann sich aber auch selber bestäuben.

Edelweiß (Leontopodium alpinum)

Merkmale: Das Edelweiß ist sicher die bekannteste Gebirgspflanze. Auffallend sind die mit einem weißen Filz bedeckten sternförmigen Blüten und Hochblätter der Pflanze. Manchmal wird der Blütenstern über 10 cm groß. Die Pflanze wird bis zu 30 cm hoch.

Vorkommen: Das Edelweiß wächst in den Alpen in Höhen zwischen 1800 und 3000 m. Hier findet man es mit viel Glück an sonnigen steinigen Stellen, selten auf mit Felsen durchsetzten Almwiesen.

Wissenswertes: Der weiße Filz auf den Blütenblättern ist eine Anpassung an das Leben im Hochgebirge: Die feinen Härchen verhindern, dass zu viel Wasser verdunstet und dass das Pflänzchen durch den Wind austrocknet. So kann das Edelweiß auch an trockenen Standorten gut wachsen. Der Filz schützt die Pflanze auch vor dem UV-Licht der Sonne, das im Hochgebirge besonders intensiv ist und die Pflanze stark schädigen kann. Das Edelweiß ist heute in der freien Natur streng geschützt. Ihr könnt es aber in Gärtnereien kaufen, wo es gezüchtet wird.

Früher war es übrigens ein Beweis für Furchtlosigkeit und Mut, wenn die jungen Burschen ihrer Liebsten einen Edelweißstrauß pflückten. Dabei sind nicht wenige bei ihren Klettereien abgestürzt.

Gelber Enzian (Gentiana lutea)

Merkmale: Der Gelbe Enzian fällt im Hochgebirge richtig auf, da er fast 1,50 m hoch werden kann. Alleine die Blätter sind 30 cm lang. Wie viele andere Enziangewächse hat der Gelbe Enzian auffallend schöne leuchtende Blüten. Die goldgelbe Blütenpracht ist von Juni bis August zu bestaunen.

Vorkommen: Der Gelbe Enzian wächst in lichten Gebüschen an Berghängen und auf ungedüngten Bergweiden im Hochgebirge. Selten könnt ihr ihn auch in Mittelgebirgen finden.

Wissenswertes: Der interessanteste Teil der Pflanze befindet sich unter der Erde – die große, dicke Wurzel. Sie enthält viele Bitterstoffe und andere Substanzen, welche die Verdauung und den Appetit anregen. Deswegen wurde sie über Jahrhunderte von Bergbauern ausgegraben und gesammelt. Aus der getrockneten Wurzel stellten die Bergbewohner einen berühmten Enzianschnaps und Magenbitter her. Der Gelbe Enzian ist heute in der freien Natur aber streng geschützt, weil er sehr selten geworden ist! Die Wurzeln für die Schnapsherstellung stammen heutzutage aus der Landwirtschaft.

Behaarte Alpenrose
(Rhododendron hirsutum)

Merkmale: Die Alpenrose ist ein niedrig wachsender Strauch und trägt das ganze Jahr über grüne Blätter. Diese haben an den Rändern wenige Millimeter lange, feine Härchen. Auffallend sind auch die großen, leuchtend roten Blüten. Alpenrosen blühen von Mai bis Juni und sind dann schon von Weitem zu sehen.
Vorkommen: Die Alpenrose ist eine typische Pflanze der Alpen. Sie wird auch Almrausch genannt. Ihr findet sie zwischen 1200 und 2500 m Höhe. Hier wächst sie auf kalkhaltigen Böden oberhalb der Baumgrenze – oft gemeinsam mit der Latschenkiefer.
Wissenswertes: Im Winter braucht die Alpenrose eine geschlossene Schneedecke, die sie vor dem eiskalten Wind und Frost schützt. Es gibt noch eine zweite Alpenrosenart, die Rostblättrige Alpenrose. Sie sieht der behaarten Alpenrose sehr ähnlich, hat aber keine Härchen am Blattrand.
Vorsicht: Alpenrosen sind sehr giftig. Besonders Tiere vergiften sich, wenn sie im Winter aus Not von der Pflanze fressen, weil keine anderen Futterpflanzen zur Verfügung stehen.

Arnika **(Arnica montana)**

Merkmale: Im Frühjahr seht ihr von der Arnika nur einen Kranz aus eiförmigen Blättern, die flach am Boden liegen. Erst später wächst aus der Mitte der bis 60 cm hohe Stängel, an dem nur wenige Blätter sitzen. Die schönen dottergelben Blüten könnt ihr je nach Gegend von Mai bis August bewundern.
Vorkommen: In der freien Natur findet man Arnika auf Gebirgswiesen in den Alpen und in den Mittelgebirgen.
Wissenswertes: Arnika ist eine berühmte, uralte Heilpflanze. Wissenschaftler haben die Pflanze gründlich untersucht und bestätigt, dass sie bei vielen Krankheiten Linderung bringen kann. Besonders bei Prellungen, Wunden und Gelenkschmerzen hilft eine Salbe, die aus den Arnikablüten hergestellt wird. Weil Arnika selten geworden ist, darf man sie in der Natur nicht pflücken. Ihr könnt sie aber in vielen Gärten sehen. Besonders auf dem Land gehört sie zu den typischen Bauerngartenpflanzen.

Warum wachsen oben auf den Bergen keine Bäume mehr?

Wenn ihr im Gebirge auf einen Berg steigt und dann oben auf dem Gipfel steht, ist das ein tolles Gefühl und ihr habt von dort einen wunderbaren Ausblick. Bei klarem Wetter könnt ihr richtig weit schauen, seht andere Berggipfel, die vielleicht noch mit Schnee bedeckt sind, steile Hänge, grüne Almwiesen und ganz viel Wald. Dabei fällt auf, dass der dichte Wald nur bis zu einer bestimmten Höhe wächst und an einer Art unsichtbarer Linie endet. Diese Linie wird Waldgrenze genannt. Darüber wachsen nur noch vereinzelt Bäume, doch irgendwann gibt es gar keinen Baum mehr, nämlich ab der sogenannten Baumgrenze. Aber warum verschwinden die Bäume mit zunehmender Höhe?

Ein Grund dafür ist die Temperatur. Hoch oben auf den Berggipfeln ist es deutlich kühler als in den tieferen Regionen des Gebirges. Damit Bäume gut wachsen können, brauchen sie dafür aber genügend warme Tage. Ab einer bestimmten Höhe, der **Waldgrenze,** werden diese Temperaturen allerdings nicht mehr oft erreicht und es wächst deshalb kein geschlossener Wald mehr. Es sind nicht die extrem kalten Temperaturen im Winter, sondern die vielen kühlen Tage im Frühjahr und Sommer, die das Wachstum der Bäume verhindern.

Außerdem sind die Regenmenge, die Nährstoffe im Boden und die Bodendicke für die Bäume wichtig. Und auch hier liegen im Gebirge erschwerte Bedingungen vor: Es regnet weit oben weniger als im Tal, der Untergrund ist steinig und die Bodendecke sehr dünn, sodass die Bäume mit ihren Wurzeln nicht genügend Wasser und Nährstoffe finden und auch zu wenig Halt.

Über der Waldgrenze wächst nur noch hier und da ein einzelner Baum. Diese Einzelgänger stehen dann an speziellen Plätzen wie zum Beispiel an besonders sonnigen, windgeschützten Flecken oder in Mulden, in denen sich mehr Erde angesammelt hat. Häufig wachsen die Bäume dann nicht mehr gerade in die Höhe, sondern ducken sich vor dem Wind und wachsen gekrümmt. Sie haben auch oft mit reißendem Schmelzwasser und Schneelawinen zu kämpfen. Ab einer bestimmten Höhe, der **Baumgrenze,** werden die Wachstumsbedingungen noch ungünstiger. Über dieser Grenze wachsen gar keine Bäume mehr, nur noch niedrige Sträucher und Kräuter.

Die Wald- und Baumgrenzen sind aber nicht überall gleich. In nördlichen Regionen liegen sie viel tiefer als in den südlichen Regionen, weil es im Norden das ganze Jahr etwas kälter ist. So liegt zum Beispiel die Waldgrenze im Harz bei 1000 m, in den bayerischen Voralpen bei 1800 m und in den südlichen Alpengebieten über 2100 m.

Übrigens: Wissenschaftler gehen davon aus, dass sich die Waldgrenzen durch die Klimaerwärmung verändern. Sie verschieben sich langsam nach oben. Das bedeutet, dass es dann auch weiter oben genügend warme Tage für Bäume gibt und einige Berge dann vielleicht bewaldete Gipfel bekommen.

Wie groß wird eigentlich ein Adlernest?

Der Steinadler wird auch »der König der Lüfte« genannt. Wenn ihr ihn bei seinem eleganten, majestätischen Flug beobachtet, versteht ihr auch sofort, warum. Geschickt lässt er sich vom Wind in die Höhe tragen und zieht hier seine Kreise. Der Steinadler ist der zweitgrößte Greifvogel Deutschlands. Die Weibchen sind etwas größer als die Männchen, das ist bei Greifvögeln immer so. Sie können bis zu 95 cm lang werden und mit ausgebreiteten Flügeln eine Spannweite von 2,30 m erreichen. Das ist fast so hoch wie die Höhe eines Zimmers in einer Neubauwohnung. Ach ja, zum Thema Wohnung: Wie sieht es denn mit der Adlerwohnung aus? Wie groß ist eigentlich so ein Adlernest, damit alle darin Platz haben?

Steinadler sind **monogam,** das bedeutet, sie bleiben ihr ganzes Leben lang mit demselben Partner zusammen. Das sind häufig mehr als 20 Jahre! In dieser Zeit bekommen sie viele Junge und ziehen sie gemeinsam groß. Schon beim Nestbau geben sie sich viel Mühe und haben eine Menge Arbeit. Die Nester werden auch als **Horst** bezeichnet. Im Gebirge liegen sie häufig in Aushöhlungen steiler Felswände oder unter Felsüberhängen. Dadurch sind sie vor Regen geschützt. In ihrem Revier, also in ihrem Jagdgebiet, bauen Adlerpaare an die zehn verschiedene Horste und wählen jedes Jahr im Januar oder Februar eins dieser Nester zum Brüten aus. Manchmal bauen sie aber auch ganz neu.

Im Januar beginnen die Adler mit der **Balz** und suchen sich einen Horst. Der wird dann erst einmal renoviert. Hierbei wird das Nest aus Stöcken und Zweigen jedes Jahr ein bisschen größer, weil die Vögel oben am Nestrand frische grüne Äste befestigen. Diese legen sie zusammen mit Moos oder Rasenstücken als Polster in das Nestinnere. **Um frisches Baummaterial zu bekommen, setzen sich die Adler auf einen Ast, umklammern ihn mit ihren Krallen und fliegen ruckartig los.** Durch die kräftige, ruckartige Bewegung bricht der Ast ab und kann zum Nest gebracht und verbaut werden. Häufig zwicken die Adler auch dünnere Zweige mit ihrem Schnabel ab.

Die größeren Nester haben einen Durchmesser von anderthalb Metern und werden 80 cm hoch. Das ist schon recht beachtlich, aber es geht auch noch größer. Nämlich bei Horsten, die Adler in hohen, alten Bäumen bauen. **Ihr Durchmesser kann 2 m betragen und locker eine Höhe von 2 m erreichen.** Zum Vergleich: Auch die meisten Türen sind ungefähr 2 m hoch.

Ist das Nest begrünt, wird Mitte März bis Anfang April das erste **Ei** gelegt, drei bis vier Tage später das zweite. Selten legen die Adlerweibchen mehr. Obwohl die Eier ungefähr 8 cm lang und 6 cm breit sind, sehen sie in dem riesigen Nest ziemlich verloren aus. Ist das erste Küken geschlüpft, wird es sofort pausenlos von beiden Elternteilen gefüttert. Wenn das zweite Küken drei oder vier Tage später schlüpft, hat das ältere Küken schon ordentlich an Gewicht und Größe zugelegt. Oft verdrängt es dann das zweite Küken und attackiert es sogar mit Schnabelhieben. Das kleinere Küken hat bestenfalls am Nestrand eine Chance zu überleben, oft geht es auch ein. Ende Juli oder Anfang August ist der Nachwuchs fast so groß wie die Altvögel und trainiert seine Flugmuskeln. Bald schon wird es eng im Nest und der junge Adler verlässt es. Er ist dann genauso groß wie seine Eltern, nur die Federn sind noch etwas anders gefärbt. Der Horst steht dann wahrscheinlich wieder ein paar Jahre bis zur nächsten Vergrößerung leer.

Übrigens: Das größte gefundene Adlernest gehörte einem Weißkopfseeadlerpaar im amerikanischen Florida. Es hatte eine Breite von fast 3 Metern und war 6 Meter hoch.

Wieso können Gämsen so gut klettern?

Bergsteiger und Wanderer haben auf ihren Touren oft Stöcke mit, um sich an schneereichen Stellen abzusichern und Halt zu finden, wenn man einmal etwas ausrutscht. Wie machen das eigentlich Gämsen, die hoch oben in den Bergen leben und über Klippen springen oder steile Felswände emporklettern, um an besonders saftiges Gras zu kommen? Klar, sie stehen auf ihren vier Beinen sicherer als wir Zweibeiner, sie haben sozusagen ihre Stöcke immer dabei. Aber wie sieht es mit ihren Füßen aus? Haben die auch ein Antirutschprofil wie ein Bergschuh?

Wie Ziegen und Schafe gehören Gämsen zu den **Paarhufern.** Das bedeutet, ihre Hufe haben zwei Hälften oder zwei Klauen. Die beiden Klauen lassen sich weit auseinanderspreizen und gegeneinander verstellen, sodass die Gämsen auf glatten Felsen, Eis und Schnee nicht ausrutschen. Außerdem können die Gämsen so leichter bremsen, wenn sie einen steilen Abhang hinunterlaufen. Darüber hinaus sind die Sohlen der Hufe weich und elastisch wie Gummi. Sie schmiegen sich an alle Unebenheiten, zum Beispiel an Steine, an. Ihr könnt euch das so vorstellen wie bei einem schlappen, schlecht aufgepumpten Fahrradreifen, der bei jedem Stein nachgibt und sich anpasst. Die Hufränder sind hingegen richtig hart und scharfkantig. Sie halten selbst in kleinen Spalten wie eine Kralle und verhindern so das Rutschen. Außerdem haben Gämsen sogenannte **Afterklauen.** Das sind verkümmerte Zehen, die nach hinten zeigen und sehr beweglich sind. Sie können sich wie ein Stachel in den Boden bohren und so ein Abrutschen verhindern. Und da ihre Hinterbeine etwas länger als die Vorderbeine sind, haben Gämsen auch auf schrägem Untergrund immer einen stabilen Stand.

→ **So rundum gut ausgestattet, klettern und springen Gämsen mit Leichtigkeit über Felsen.** Sie können 2 m hoch oder auch locker mal über einen 5 m breiten Abgrund springen. Bergab wagen sie sogar manchmal Sprünge von 10 m.

Gämsen sind aber nicht nur gute Kletterer, sondern auch ausdauernde Bergsteiger. Sie können einen Höhenunterschied von 1000 m so schnell überwinden, dass selbst ein gut trainierter Bergsteiger nur noch staunen kann – dazu würde seine Puste nie und nimmer reichen. **Den Gämsen helfen dabei ihr starkes Herz, ihre großen Lungen und viele rote Blutkörperchen.** Die Blutkörperchen sorgen dafür, dass der eingeatmete Sauerstoff ganz schnell im Körper verteilt wird und die Muskeln stets gut versorgt sind, um diese Schwerstarbeit verrichten zu können. Dabei können Gämsen auch richtig schnell rennen und springen: bis zu 50 km/h!

Für diese ganze schwindelerregende Kletterei sind aber auch ein hartes Training und ein ausgezeichneter **Gleichgewichtssinn** wichtig. Der Gleichgewichtssinn ist den Jungen angeboren. Das Klettern üben die Kitze bereits kurz nach der Geburt: Schon nach ein paar Minuten stehen sie auf ihren Beinen und laufen hinter ihrer Mutter her. Nach einigen Tagen jagen sich die kleinen Gämskitze schon im Spiel über die Felsen.

Übrigens: Gämsen gelten als verspielt. Auch ausgewachsene Tiere jagen sich oft gegenseitig über die Abhänge. Teilweise laufen sie auch im Kreis und machen Bocksprünge. Im Schnee rodeln sie manchmal auf den Keulen der Hinterbeine einen Schneehang hinunter.

»Schlafen wie ein Murmeltier« – warum können Murmeltiere eigentlich so lange schlafen?

Murmeltiere gehören wegen ihrer verspielten Art zu den bekanntesten und beliebtesten Tieren der Berge. Sie leben in Gruppen von 5 bis 15 Tieren zusammen. Ihr habt sie vielleicht schon mal auf Wanderungen gesehen, wenn sie in der Sonne dösen, auf Almwiesen Gras und Kräuter fressen oder auf einen Warnpfiff hin in ihrem Bau verschwinden, weil das Murmeltier, das gerade Wachdienst hat, euch entdeckt hat.

Murmeltiere haben eine gute Taktik, um sich vor Feinden zu schützen. Während alle fressen, bewacht ein Tier die Gruppe und schlägt laut Alarm, wenn sich ein möglicher Feind nähert. Dadurch kann die ganze Murmeltiergruppe ungestört fressen und fressen und fressen. Das ist für Murmeltiere sehr wichtig, denn sie haben eine ganz besondere Strategie entwickelt, um durch den langen, eiskalten Bergwinter zu kommen.

Während der kalten Jahreszeit fallen sie in einen extremen Tiefschlaf, auf den sie sich schon im Sommer vorbereiten müssen. Wenn das Gras auf den Almwiesen saftig und grün ist, fressen sich die Murmeltiere ein richtig dickes Fettpolster an. Im Herbst kann ein Murmeltier, das normalerweise nach dem **Winterschlaf** höchstens 3 kg wiegt, auf ein Gewicht von 4,5 bis 5 kg kommen. **Dann wiegt es ungefähr ein Drittel mehr als im Frühjahr.** Das ist so, als müsstet ihr in einem halben Jahr 10–15 kg zunehmen. Ist das Fettpolster groß genug, wird als Nächstes der Bau auf den Winterschlaf vorbereitet.

Dazu schleppen die Murmeltiere ab September große Mengen trockene Pflanzenteile und Gras in die Schlafkammer ihres Baus, die auch **Schlafkessel** genannt wird. Dieses Heu ist aber kein Nahrungsvorrat, sondern dient als weiche Schlafunterlage. Wenn es draußen kühler wird, sammeln sich die Murmeltiere in ihrem **Bau** und verschließen den Eingang von innen mit Erde, Steinen und Kot. So werden sie von ihren Fressfeinden nicht so leicht

entdeckt. Dann kuscheln sie sich alle im Schlafkessel eng aneinander, wärmen sich gegenseitig und rollen sich für die nächsten 6–7 Monate zusammen. Denn so lange dauert der Winterschlaf, über ein halbes Jahr! Und das schaffen die Murmeltiere, ohne ein einziges Mal zu fressen. Sie leben in dieser Zeit tatsächlich nur von dem **Fettpolster,** das sie sich mit den saftigen Almkräutern angefressen haben.

Damit diese Reserve bis zum Frühjahr reicht, fahren die Murmeltiere ihren Körper sozusagen auf Sparflamme runter. Sie atmen nur drei- bis viermal pro Minute und auch ihr Herz schlägt nur noch drei- bis viermal anstatt 200-mal pro Minute. Ihre **Körpertemperatur** fällt von 39 °C auf weniger als 5 °C. Das ist ungefähr so kalt wie in eurem Kühlschrank. Tatsächlich **brauchen die Murmeltiere während des Tiefschlafs dann auch nur noch ein Zehntel der Energie, die sie im Sommer brauchen,** und überleben den langen Winter.

Während des Schlafs sind die Murmeltiere kalt und unbeweglich. Ungefähr alle zwei Wochen wacht das älteste Tier auf, sein Stoffwechsel kommt in Schwung und seine Körpertemperatur steigt auf 34 °C an. Dadurch werden alle anderen Mitschläfer auch wach und gemeinsam laufen sie zu einem kurzen Gang, der als Toilette dient. Hier leeren sie Blase und Darm, wandern in ihren Schlafkessel zurück, kuscheln sich aneinander und fallen in kürzester Zeit wieder in den Tiefschlaf. Das Aufwachen verhindert, dass die Tiere Gefahr laufen, vor lauter Kälte zu sterben, und beugt wahrscheinlich auch Schäden an den Nerven vor.

Übrigens: Die Jungtiere haben vor dem Winter nicht genügend Zeit, um sich ein ausreichendes Fettpolster anzufressen. Im Bau werden sie deshalb in die Mitte der Gruppe genommen und schmiegen sich an ihre Verwandten, um etwas von deren Wärme abzubekommen. So versuchen alle Mitglieder der Murmeltiergruppe, die Jungen vor dem Kältetod zu bewahren.

Obwohl sie in ihrem Bau nichts von der Außenwelt mitbekommen, werden die Murmeltiere alle fast zeitgleich in der zweiten Aprilhälfte wach, öffnen den Eingang und krabbeln total abgemagert aus ihrem Bau, um gleich wieder loszufressen. Nach 6–7 Monaten Hungerzeit müssen sie jetzt schnell wieder zu Kräften kommen.

Experiment: Gebirge

Auf Entdeckertour ins Gebirge

Wenn ihr eine Bergtour machen wollt, solltet ihr das gut planen und einen sorgfältig gepackten Rucksack mitnehmen. Da das Wetter in den Bergen manchmal schnell umschlagen kann, müsst ihr auf Sonnenschein und Regen eingestellt sein. Außerdem ändert sich auch die Temperatur häufig und es ist auf dem Gipfel oft viel kälter als im Tal. Deswegen gehört auch ein Pullover oder eine Jacke immer ins Gepäck.

Der beste Zeitpunkt für die Exkursion:
Bergtouren könnt ihr im Frühjahr, Sommer und Herbst gut machen. Aber auch im Winter gibt es einiges zu entdecken, vor allem wenn Schnee liegt. Dann sind die Spuren der Tiere gut zu erkennen.

So wird es gemacht:

- Schaut euch die geplante Tour auf der Karte an.
- Packt alles in euren Rucksack, schnürt euch die Schuhe und los geht's!
- Reibt euch bei Sonnenschein mit Sonnencreme ein, eventuell auch mit Antimückenmittel.
- Bleibt nach Möglichkeit auf den Wegen.
- Dreht vorsichtig Steine um (am besten mit dem Fuß) und schaut nach, ob sich hier Insekten verstecken.
- Wenn ihr kleine Tiere findet, schaut sie euch mit der Lupe genau an.
- Hört auf die Geräusche im Wald und sucht die Bäume nach Vögeln ab.

- Solltet ihr Greifvögel entdecken, verfolgt ihren Flug mit dem Fernglas.
- Seid vorsichtig und leise, wenn ihr polternde Steine hört – es könnten Gämsen oder Steinböcke in der Nähe sein.
- Pflückt keine Blumen. Malt oder fotografiert sie lieber.
- Fasst keine unbekannten Tiere und Pflanzen an.
- Interessante Fundstücke könnt ihr mitnehmen, aber keine lebendigen Tiere.
- Lasst keinen Müll liegen.

Tipp:
Zieht zum Schutz gegen Kratzer und Insektenstiche auch im Sommer lange Hosen an. Außerdem bieten sie einen zusätzlichen Schutz gegen Zecken.

Für die Exkursion braucht ihr:

- 1 Paar feste, bequeme Schuhe, damit ihr nicht abrutscht
- 1 Wanderrucksack
- 1 Landkarte der Umgebung
- 1 Regenjacke
- 1 Pullover oder Jacke
- 1 Sonnencreme
- 1 Antimücken- bzw. Antizeckenmittel
- mindestens 1 Liter Wasser
- 1 Pausensnack
- 1 kleine Plastikdose mit Deckel zum Aufbewahren von Fundstücken
- mehrere verschließbare Plastiktüten
- 1 Lupe (gerne 1 Becherlupe)
- 1 Pinzette
- 1 Notizblock und 1 Stift
- 1 Fernglas, wenn vorhanden
- 1 Fotoapparat
- … und dieses Buch zum Bestimmen der Tiere und Pflanzen

Das könnt ihr beobachten:

In den Bergen ist die Landschaft wunderschön und es gibt besonders viele verschiedene Tierarten zu entdecken, da die Natur in den verschiedenen Höhen unterschiedlich ist. Im Wald und zwischen den Sträuchern der unteren Bergregionen leben ganz andere Insekten als auf den Almwiesen und in den Gipfelregionen. Zudem könnt ihr Greifvögel wie Adler, Habichte oder Bussarde am Himmel beobachten, und mit ein bisschen Glück entdeckt ihr auch Rehwild, Gämsen, Steinböcke oder Murmeltiere. An feuchteren Stellen findet ihr vielleicht Bergmolche und Alpensalamander.

Ein Zapfen als Wetterfrosch

Ihr kennt bestimmt die Geschichte vom Wetterfrosch, der bei Sonnenschein im Einmachglas eine Leiter hochklettert. Aber einen Frosch in ein Glas sperren, das ist nun wirklich keine gute Idee. Eine Wettervorhersage geht viel einfacher und ohne Quälerei mit einem Zapfen. Egal, ob er von einer Tanne, Fichte, Kiefer oder Lärche ist, mit seinen Schuppen kann er ganz zuverlässig Regen oder Sonnenschein anzeigen.

Hierfür braucht ihr:

- 1 Tannenzapfen (oder irgendeinen Zapfen eines Nadelbaums)
- 1 Strohhalm
- 1 Schere
- 1 kleines Holzbrettchen
- 1 kleine Kugel Knetgummi

Der beste Zeitpunkt für den Versuch:
Diesen Versuch könnt ihr das ganze Jahr über machen.

So wird es gemacht:

- Klebt mit der Knete den Zapfen an seiner breiten Unterseite so auf das Brettchen, dass er aufrecht steht.
- Schneidet den Strohhalm an einem Ende ein kleines bisschen ein.
- Schiebt dieses Ende über einen Schuppen des Zapfens.
- Stellt das Brettchen irgendwo ins Freie, wo es keinen Regen abbekommt.
- Beobachtet eure Konstruktion mehrere Tage.

Das könnt ihr beobachten:

Bei Regenwetter schließt der Zapfen seine Schuppen und der Strohhalm zeigt steil nach oben. Ändert sich das Wetter und wird trockener, öffnen sich die Schuppen und der Strohhalm bewegt sich leicht nach unten. Bei starkem Sonnenschein sind die Schuppen manchmal so weit geöffnet, dass der Strohhalm fast waagerecht zur Seite zeigt.

Die Bewegung der Schuppen hat etwas mit den Samen zu tun, die zwischen den Schuppen liegen. Wenn es regnet, schließen sich die Schuppen, damit die Samen vor Feuchtigkeit geschützt sind, bei trockenem Wetter öffnen sie sich, damit die Samen auf den Waldboden fallen können.

Tipp:

Wenn ihr den Zapfen in ein Glas mit Wasser legt, könnt ihr innerhalb von ein paar Stunden sehen, dass sich die Schuppen schließen. Legt ihr den Zapfen über Nacht auf die Heizung, sind die Schuppen am nächsten Morgen weit geöffnet.

Lebensraum Strand und Meer

Von der Küste aus betrachtet sieht das Meer etwas eintönig aus. Doch das täuscht. Unter Wasser tut sich eine faszinierende Welt auf: Dort gibt es riesige, zerfurchte Gebirge, tiefe Gräben, die den Ozeanboden durchziehen, und eine große Vielfalt an Pflanzen und Tieren.

Fast drei Viertel der Erdoberfläche sind von Meeren bedeckt. Das ist eine riesige Wasserfläche, die wir in **fünf Ozeane** aufteilen: den Arktischen Ozean, den Atlantischen Ozean, den Indischen Ozean, den Pazifischen Ozean und den Antarktischen Ozean. Der größte und tiefste von allen ist der Pazifik. Mit seinen vielen kleinen Nebenmeeren bedeckt er eine Fläche, die mehr als 500-mal so groß ist wie Deutschland. Im Pazifik liegt auch die tiefste Stelle der Weltmeere, der **Marianengraben.** Er ist 11 034 m tief.

Leben in verschiedenen Meeresregionen

In den Meeren findet man unterschiedliche Lebensräume. Da ist das offene Meer: die **Hochsee.** Hier leben riesige Fischschwärme. Auch kräftige Schwimmer wie Makrelen, Kalmare, Kabeljau und Wale trifft man an und Quallen lassen sich mit der Strömung treiben. Die **Tiefsee** beginnt bei einer Wassertiefe von etwa 500 m. Hier können keine Pflanzen mehr gedeihen, weil das Licht nicht tiefer als 300 m in das Wasser vordringen kann. In der Tiefsee herrscht deshalb völlige Dunkelheit. Das Wasser ist dort nicht wärmer als 4 °C und der Wasserdruck ist enorm hoch. In einer solchen Umgebung können nur Spezialisten leben. Einer davon ist der Tiefsee-Anglerfisch. An einem langen angelartigen Fortsatz über dem Maul trägt er ein Leuchtorgan, das aussieht wie eine kleine Laterne. Mit diesem lockt er Beutetiere an. Kommt eines in die Nähe, reißt der Anglerfisch sein riesiges Maul auf und saugt das Opfer einfach in sich hinein. Und dann gibt es noch den **Meeresboden.** Er ist von Würmern, Schnecken, Muscheln und Tieren aller Art bewohnt. Im vom Licht durchfluteten Wasser flacher Meere und entlang der Küsten wachsen ausgedehnte Seegraswiesen.

Leben an der Küste

Besonders spannend sind die **Meeresküsten.** Hier sind viele Meerestiere zum Greifen nah. Bei Ebbe seht ihr Tausende Vögel, die im weichen Boden nach Wattwürmern picken. Auf den Sandbänken rekeln sich dann Robben und Krabben huschen durch das flache Wasser.

Unheimliches Meeresleuchten

An der Nordseeküste ist oft eine ungewöhnliche Erscheinung zu sehen: das **Meeresleuchten.** Dabei leuchten die Kämme der Wellen plötzlich wie von Geisterhand auf. Ursache sind winzige Algen, die aus nur einer einzigen Zelle bestehen und die bei einer Berührung durch ein Tier oder eine Pflanze helles Licht ausstrahlen. In der Nordsee wird dieses Meeresleuchten durch eine Alge namens **Leuchtbläschen** *(Noticula)* hervorgerufen.

Und an den Felsküsten brüten unzählige Seevögel – oft in riesigen Kolonien. Hier finden auch Tiere wie Muscheln, Seepocken und Napfschnecken einen Halt auf dem felsigen Untergrund unter Wasser, und in den Ritzen zwischen den Felsen verbergen sich Seesterne, Seeigel, Seeanemonen und allerlei winzige Fische. Es ist eine aufregende Entdeckungsreise, bei **Ebbe** durch die Felsen zu klettern und zu schauen, wie es in den Pfützen und auf den Felsen nur so wimmelt.

Das Watt

Der Küstenstreifen der Nordsee hat etwas ganz Besonderes zu bieten: das Watt. Es kommt dadurch zustande, dass vor der Küste lang gestreckte niedrige Inseln und Sandbänke liegen. Sie sorgen dafür, dass zwischen Inseln und Küste der Sand und Schlamm, der bei Flut dorthin gespült wird, auch großteils dort bleibt und nicht wieder weggeschwemmt wird. Bei Ebbe fließt das Meerwasser über schmale Rinnen, die **Priele,** ab. Dann liegt der gräulich blaue Untergrund des Watts trocken und man kann auf dem Meeresboden spazieren gehen. 450 km lang und bis 20 km breit ist diese einmalige Landschaft. Sie säumt die Nordseeküste Hollands, Deutschlands und Dänemarks.
Auf den ersten Blick ist das Watt bei Ebbe ein öder, lebloser Anblick. Wenn ihr aber genau hinschaut, erkennt ihr schnell, welche Lebensfülle in dem sandigen Boden steckt.

So können **auf einem Quadratmeter bis zu 250 Exemplare des großen Sandpierwurms leben.** Auch Muscheln, Schnecken, weitere Würmer und Krebstiere finden wir hier. In den Prielen flitzen kleine Krabben und Fische umher. All diese Tiere sind bestens an die ungewöhnlichen Lebensbedingungen angepasst. Und sie dienen großen Fischen als Nahrung, die bei **Flut** mit dem Wasser zurückkehren. Bei Ebbe, wenn sie auf dem trockenen Wattboden liegen, machen sich zahllose Vögel über sie her. Wie bedeutend dieser Lebensraum ist, zeigt auch, dass das **Wattenmeer** schon sehr lange unter Naturschutz steht. Aber das Leben im Watt ist für Tiere und Pflanzen nicht einfach. Nach und nach heizt die Sonne den Schlickboden auf, in den Pfützen erwärmt sich das Wasser, verdunstet und hinterlässt eine konzentrierte Salzlake. Wenn es dann zu regnen beginnt, prasselt das Süßwasser auf den Boden, sammelt sich in Senken und vermischt sich mit dem Salzwasser. Diese Mischung aus Süß- und Salzwasser heißt **Brackwasser.** Mal salzig, mal süß oder brackig, mal trocken und dann wieder nass, erst kalt, dann warm – Tiere, die hier überleben wollen, sind stark gefordert. Und weil das Watt so lebensfeindlich ist, halten es hier auf Dauer auch nur relativ wenige, aber hoch spezialisierte Arten aus. Doch für alle, die hier leben, gibt es mehr als ausreichend Nahrung, denn bei jeder Flut trägt das Meer Nachschub heran: Überreste toter Tiere und Pflanzen, aber auch unzählige kleine **Planktonorganismen.** Das sind winzige Tiere und einzellige Pflanzen, die frei im Wasser schweben.

Stranddünen

Auch wenn **Dünen** eher aussehen wie Wüsten, beherbergen sie doch eine unglaubliche Vielfalt an Pflanzen und Tieren. Die Sandhügel entstehen dort, wo der landeinwärts wehende Wind Sand ablagert. Dabei spielen Pflanzen wie der Strandhafer eine große Rolle. An ihnen wird der Sand gebremst, setzt sich fest und wächst langsam in die Höhe.

Dünen sind ständig in Bewegung und werden vom Wind umgeformt. Doch sind sie einmal dicht bewachsen, sorgen die Wurzeln der Pflanzen für Stabilität. Dann finden sich schnell Vögel, wie die Heidelerche, Insekten, Zauneidechsen und Wildkaninchen ein.

Wie entstehen Ebbe und Flut?

Wie kommt es, dass die Küstenbereiche zweimal am Tag von großen Flutwellen überspült werden und der Wasserpegel dort um 2–3 m ansteigt? Diesen kurzzeitigen Meeresanstieg nennt man Flut. Bei Ebbe fließt das Wasser dann wieder zurück. Die Ursache für diesen wiederkehrenden Wasseranstieg ist der Mond. Er übt nämlich auf die Erde eine Anziehungskraft aus. Dadurch wird das Wasser der Ozeane auf der Seite der Erde, die dem Mond zugewandt ist, vom Mond etwas zu sich hingezogen. Es entsteht eine Art **»Wasserberg«,** der an den Küsten gut zu sehen ist: Dann ist Flut. Auf der gegenüberliegenden Erdseite gibt es ebenfalls einen Flutberg, er ist aber niedriger. Zwischen den beiden Wasserbergen ist das Wasser ganz niedrig: Dort ist an den Stränden Ebbe. Ebbe und Flut nennt man auch **Gezeiten.** **Sie wechseln zweimal am Tag: Zweimal herrscht Ebbe und zweimal Flut.**

Seehunde – schwerfällige Strandgäste
(Phoca vitulina)

Der Seehund ist an unseren Küsten die häufigste **Robbenart.** Im Wasser leben die Tiere als Einzelgänger, an Land sind sie etwas geselliger und liegen in Gruppen auf Sandbänken, wo sie sich rekeln und ausgiebig gähnen. Doch halten sie immer Abstand zueinander, denn vor allem die Männchen streiten oft miteinander und verletzen sich dabei gegenseitig mit ihren spitzen Zähnen.

Bewegen können sich Seehunde an Land jedoch nicht besonders gut, es sieht eher unbeholfen aus. Der Grund ist, dass die Hinterflossen nicht zum Gehen geeignet sind, sondern nur nachgezogen werden können. Im Wasser hingegen sind Seehunde **wendige Schwimmer.** Sie tauchen bis zu 100 m tief und können über eine halbe Stunde unter Wasser bleiben. Beim Schwimmen erreichen sie Geschwindigkeiten von bis zu 30 km/h. Deshalb bleiben sie auch an Land immer in der Nähe des Wassers, damit sie bei Gefahr schnell dorthin flüchten können. Im Wasser jagen die wendigen Raubtiere auch ihre Nahrung: Heringe, Dorsche, Lachse und andere Fische.

Seehunde werden bis zu 2 m groß und können 150 kg wiegen. Sie haben ein ausgezeichnetes Gehör und können sowohl über wie auch unter Wasser scharf sehen. Zur Orientierung dienen ihnen jedoch ihre **Tasthaare** an der Schnauze. Mit ihnen nehmen sie auch die kleinsten Wasserverwirbelungen wahr, die ein naher Fisch erzeugt. Durch diese Wirbel ändern sich Richtung und Stärke der Strömung, und diese kleinen Veränderungen zeigen Robben an, wo sich der Fisch befindet, und sie schnappen zu. Das klappt auch in trübem Wasser.

Ab Ende April zieht es die trächtigen Weibchen an der Nordseeküste ins **Wattenmeer.** Hier bringen sie im Frühsommer – nach elf Monaten Tragezeit – auf einer Sandbank jeweils ein Junges zur Welt, und zwar genau zu Beginn der Ebbe. Seehundweibchen können den Zeitpunkt der Geburt nämlich kontrollieren. Das Frischgeborene kann sofort schwimmen. Dabei schwimmt es immer vor der Mutter her. Wenn es erschöpft ist, nimmt die Mutter es huckepack auf den Rücken.

Austernfischer (Haematopus ostralegus)

Aussehen: Austernfischer fallen richtig auf: Ihr Körper ist schwarz-weiß, Beine und Schnabel sind kräftig rot gefärbt. Sie sind etwa so groß wie Krähen.
Lebensraum: Austernfischer sieht man im Wattenmeer und entlang flacher Meeresküsten.
Lebensweise: Tagsüber stochern Austernfischer auf der Suche nach Ringelwürmern, Muscheln, Schnecken und Krebsen im Boden herum oder meißeln Seepocken und Napfschnecken vom Gestein. In der Nacht wühlen sie mit ihren Schnäbeln durch den Schlickboden. Dabei finden sie ihre Beute mit ihrem empfindlichen Tastsinn. Austern fressen sie allerdings nicht, auch wenn es ihr Name uns glauben macht.
Austernfischer sind Zugvögel. Im Herbst versammeln sie sich zu riesigen Schwärmen mit bis zu einer halben Million Tiere. Doch nicht alle Austernfischer schließen sich der Masse an. Einige bleiben hier oder fliegen erst, wenn es bitterkalt wird, nach Nordafrika.

Austernfischer sind ausgesprochen ruffreudig. Wenn sie aufgeregt sind, halten sie richtige Trillerkonzerte ab. Dabei tippeln sie mit gesenktem Kopf und offenem Schnabel umher und rufen »Kewick-Kewick«.

Große Raubmöwe
(Stercorarius skua)

Aussehen: Die Große Raubmöwe wird etwa 60 cm lang. Sie ist braun bis schwarzbraun gefärbt, wobei die Bauchseite etwas heller ist. Die Spitze des Schnabels bildet einen Haken. Schnabel und Beine sind tief dunkelbraun. An den Flügelunterseiten hat die Raubmöwe einen großen hellen Fleck, daran ist sie im Flug gut zu erkennen.
Lebensraum: Die Raubmöwe brütet an den Küsten Nordeuropas und in der Arktis. Außerhalb der Brutzeit hält sie sich auf dem offenen Meer auf. Zur Zeit des Vogelzugs taucht sie vereinzelt an der Nord- und Ostseeküste auf.
Lebensweise: Raubmöwen verfolgen andere Meeresvögel wie Dreizehenmöwen, um ihnen ihre Beute in der Luft abzujagen. Sie sind also echte Piraten der Meere. Sie jagen aber auch selber kleine Säugetiere sowie kleine Vögel. Ihre Hauptnahrung besteht jedoch aus Fisch.

Die Raubmöwe ist ein guter Flieger. Sie attackiert andere Vögel von oben aus der Luft, bis diese ihre Beute fallen lassen. Oder sie verfolgt und bedroht den anderen Vogel so lange, bis er die Beute hergibt.

Papageitaucher – die Clowns der Meere

(Fratercula arctica)

Der Papageitaucher hat ein richtiges **Clowngesicht.** Das liegt an seinem ungewöhnlich gefärbten, dreifarbigen Schnabel. Daran, an dem eher rundlichen Körper, den roten Beinen und dem hellen Gesicht könnt ihr ihn leicht erkennen. Den bunten Schnabel hat er allerdings nur während der Brutzeit, in der restlichen Zeit ist er einfach gelb gefärbt. Papageitaucher sind etwa 35 cm groß und haben eine Flügelspannweite von 60 cm.

Der Papageitaucher nistet in großen **Kolonien** an den oberen Kanten oder steil abfallenden Hängen grasbewachsener Klippen nordatlantischer Küsten. In Norwegen hat man einmal in einer einzigen Kolonie 35 000 Brutpaare gezählt. Bei uns könnt ihr Papageitaucher manchmal im Winter bei **Helgoland** sehen. An Land kommen sie aber nur zur Brutzeit im Frühsommer. Ansonsten leben sie auf dem offenen Meer.

Papageitaucher brüten in Höhlen. Manchmal ziehen sie in einen leer stehenden Kaninchenbau ein, meistens aber graben sie mit dem Schnabel bis zu 1 m lange Röhren und befördern das lose Material hinter sich mit den Füßen nach draußen. Am Ende der Röhre weiten sie diese zu einer Kammer aus. Dort legt das Weibchen ein einziges Ei, das es bis zu 40 Tage bebrütet. Der Eingang wird vom Männchen verteidigt und bewacht. Bevor die Jungen flügge werden und die Höhle verlassen, üben sie erst einmal im Schutz der Nacht das Fliegen. Dabei entfernen sie sich nicht weit von der **Bruthöhle.** Wenn sie sicher genug sind, starten sie eines Tages von der Klippe in Richtung Meer und gehen wie ihre Eltern auf Jagd. Papageitaucher fressen kleine Fische und Tintenfische. Ihre Leibspeise sind Sandaale und Heringe. Auf der Suche nach Nahrung können sie bis zu 60 m tief tauchen. Dabei rudern sie unter Wasser mit den Flügeln.

Seit einigen Jahren stellen Wissenschaftler fest, dass die Zahl der Papageitaucher immer mehr abnimmt. Dies liegt vermutlich daran, dass das Meereswasser immer wärmer wird. Die Folge von dieser Erwärmung ist, dass es immer weniger Futterfische für die Jungen gibt. Aus der Not heraus füttern dann die Elterntiere ihre Jungen mit anderen Fischen, die die Jungtiere aber nicht schlucken können. Viele Jungvögel ersticken oder verhungern deswegen.

Pfuhlschnepfe (Limosa lapponica)

Aussehen: Pfuhlschnepfen haben lange dünne Beine und einen leicht aufwärts gebogenen Schnabel. Während der Brutzeit ist das Männchen am Kopf und auf der Unterseite ziegelrot gefärbt. Die Weibchen sind rotbraun.
Lebensraum: Pfuhlschnepfen leben in der Nähe des Polarkreises, wo sie auf feuchten Wiesen und in Mooren brüten. Auf dem Zug nach Süden machen sie im Herbst einen Zwischenstopp an flachen Küsten und Flussmündungen, zum Beispiel im Wattenmeer. Erst dann fliegen sie weiter in ihre Überwinterungsquartiere in Afrika.
Lebensweise: Mit ihrem über 10 cm langen Schnabel stochern Pfuhlschnepfen bei Ebbe im Sand und suchen nach Würmern, Krebsen und anderen Kleinlebewesen. Schnepfenvögel brüten in versteckten Bodenmulden. Die Jungen sind Nestflüchter. Das bedeutet, dass sie kurz nach dem Schlüpfen das Nest verlassen und auf die Suche nach Essbarem gehen. Natürlich unter der Aufsicht ihrer Eltern.

Pfuhlschnepfen legen auf dem Weg in ihr Winterquartier weite Strecken zurück. Mithilfe eines Minisenders wurde sogar schon einmal nachgewiesen, dass eine Pfuhlschnepfe ohne Zwischenstopp von Alaska nach Neuseeland geflogen ist. Das sind fast 11 500 km!

Küstenseeschwalbe (Sterna paradisaea)

Aussehen: Küstenseeschwalben ähneln Möwen und werden bis zu 38 cm groß. Ihr erkennt sie an der schwarzen Kopfkappe, den kurzen roten Beinen und den langen Schwanzspießen.
Lebensraum: Die großen Seeschwalben leben bei uns an der Nord- und Ostseeküste, in Wattgebieten und an Flussmündungen.
Lebensweise: Bei der Jagd fliegen Küstenseeschwalben zunächst langsam über die Wasseroberfläche, um nach Fischen, Insekten und Krebsen Ausschau zu halten. Haben sie ihre Beute entdeckt, stoßen sie blitzschnell senkrecht nach unten und tauchen dabei ganz ins Wasser ein. Sie brüten in Kolonien mit bis zu 1000 Tieren.

Küstenseeschwalben sind Zugvögel. Den Winter verbringen sie am Rand der Antarktis auf der Südhalbkugel. Auf dem Weg von den Brutplätzen im Norden bis zu den Überwinterungsgebieten im Süden fliegen sie jedes Jahr eine Strecke von bis zu 40 000 km. Das ist fast so weit wie einmal um die ganze Erde.

Miesmuschel (Mytilus edulis)

Aussehen: Die braun-blauen bis schwarzen Miesmuscheln haben wie alle Muscheln zwei Schalenklappen, die durch ein sogenanntes Schlossband zusammengehalten werden. Zusätzlich hat die Muschel einen Schließmuskel, mit dem sie die länglichovalen Klappen bei Gefahr fest schließen kann.
Lebensraum: Miesmuscheln leben im Mittelmeer, im Atlantik und in der Nord- und Ostsee. Meistens sitzen sie in Küstennähe und im Bereich von Flussmündungen auf Holzpfählen oder an Steinen.
Lebensweise: Die länglichen Miesmuscheln bilden große Muschelbänke, wo sie dicht an dicht sitzen. Sie halten sich mithilfe von klebrigen Fäden, den Byssusfäden, auf einer Unterlage fest. Ihre Nahrung filtern sie aus dem Wasser. Im Frühjahr legen die Weibchen bis zu 10 Millionen Eier ab. Daraus schlüpfen winzig kleine Larven, von denen aber nur ein Teil überlebt.

Miesmuscheln sind beliebte Speisemuscheln und werden an Holzpflöcken gezüchtet. Das muss aber unbedingt in sauberem Wasser geschehen, da die Muscheln auch giftige Algen und Bakterien aus dem Wasser filtern, die uns Menschen schaden könnten.

Große Kammmuschel
(Pecten maximus)

Aussehen: Die Große Kammmuschel oder Jakobsmuschel ist mit 15 cm Durchmesser eine der größten Muscheln. Auffällig sind ihre gerippten Schalenklappen und zwei eckige Ausbuchtungen an der spitz zulaufenden Schalenseite. Die obere Klappe ist flach, während die untere aussieht wie eine Schüssel.
Lebensraum: Jakobsmuscheln leben auf weichen Böden in großer Tiefe. Sie sind im Atlantik, im Ärmelkanal (zwischen Frankreich und England) und in der Nordsee verbreitet.
Lebensweise: Jakobsmuscheln sitzen die meiste Zeit im Boden eingegraben und filtern ihre Nahrung aus dem Wasser. Naht ein Fressfeind, zum Beispiel ein Seestern, können sie erstaunlich schnell flüchten. Das funktioniert nach dem Rückstoßprinzip. Sie schließen mit Schwung ihre Klappen und pressen dadurch mit einem kräftigen Stoß Wasser aus ihrer Schale heraus, durch den sie ruckartig nach vorne katapultiert werden.

Die Jakobsmuschel war früher das Symbol der Pilger, die zum Grab des heiligen Jakob in der spanischen Stadt Santiago de Compostela wanderten. Daher der Name der Muschel.

Europäischer Hummer – Ritter der Meere

(Homarus gammarus)

Hummer gehören zu den **Zehnfußkrebsen.** Das ist die artenreichste Krebsgruppe überhaupt. Sie leben in allen Meeren der Erde und sogar in der Tiefsee.

Der Europäische Hummer ist bei uns der größte Krebs, er wird bis zu 60 cm lang und rund 60 Jahre alt. Der schwerste jemals gefangene Hummer wog 20 kg. Hummer leben an felsigen Küsten, bei uns hauptsächlich um **Helgoland.** Hier halten sie sich tagsüber in Felsspalten oder selbst gegrabenen Löchern auf. Erst im Schutz der Dunkelheit gehen sie auf Nahrungssuche.

Da Hummer als Delikatesse gelten, sind sie sehr selten geworden und werden nachgezüchtet.

Wie alle Zehnfußkrebse haben Hummer fünf Beinpaare, die ganz unterschiedlich aussehen können und auch unterschiedlichen Aufgaben dienen. Beim Hummer sitzen auf dem ersten Beinpaar ungleich große Scheren. Auf einem Bein eine kleinere **Greifschere,** auf dem anderen eine kräftige **Knackschere.** Mit der Knackschere kann der Hummer Muschelschalen und sogar die harten Gehäuse von Wellhornschnecken und Taschenkrebsen aufbrechen. Mit der Greifschere zerlegt er seine Beute. Dornige Tastbeine schieben das Futter in die Kauladen. Vor den Scheren des Hummers sollte man sich in Acht nehmen. Sie können auch bei Menschen schwere Wunden verursachen.

In der Nähe der Augen sitzen zwei Antennenpaare, mit denen der Hummer riecht. Der dicke Panzer ist glatt und besteht aus **Chitin,** genau wie das Außenskelett von Insekten. Allerdings wird der Krebspanzer durch eingelagerten Kalk dick und stabil. Er ist wie eine Ritterrüstung. Da der Panzer nicht mitwächst, müssen Krebse sich mehrmals häuten, um wachsen zu können. Dann platzt der alte Panzer an einer dafür vorgesehenen Naht auf und der Hummer muss sich mühsam daraus befreien. Bis der neue Panzer ausgehärtet ist, vergehen bis zu vier Wochen. In dieser Zeit muss sich der Hummer gut vor seinen Feinden verbergen. Krebsweibchen können sich nur paaren, wenn sie gerade gehäutet sind. Sie tragen die Eier dann bis zu 11 Monate mit sich herum. Erst dann schlüpfen die winzig kleinen Larven.

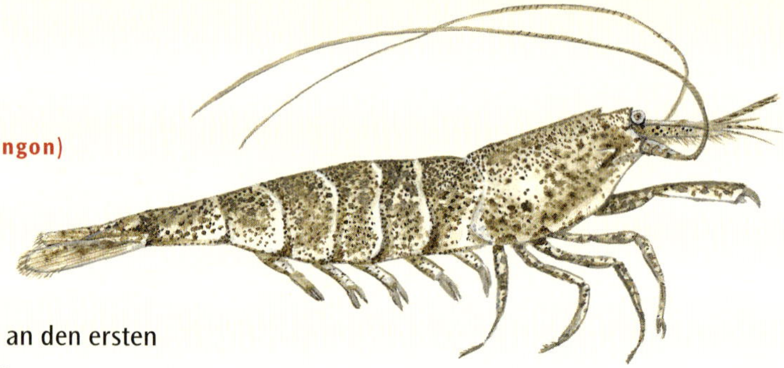

Nordseegarnele (Crangon crangon)

Aussehen: Die hellgraue, etwa 9 cm große lang gestreckte Nordseegarnele ist wie der Hummer ein Zehnfußkrebs. Sie hat lange Fühler und kleine Scheren an den ersten Beinpaaren. Die Augen sitzen auf Stielen.
Lebensraum: Nordseegarnelen leben im sandigen und schlickigen Bereich der Nordseeküste. Größere Tiere halten sich in tiefem Wasser auf, junge Garnelen findet ihr eher im flachen Wattenmeer. Hier sind sie vor Räubern geschützt.
Lebensweise: Tagsüber graben sich Garnelen in den Sandboden ein, in der Nacht gehen sie auf Suche nach kleineren Tieren und jungen Muscheln, die sie dann fressen. Sie können sich dem Untergrund perfekt anpassen und sind dann fast unsichtbar. Die Weibchen tragen die befruchteten Eier an speziellen Borsten am Hinterleib mit sich herum, bis aus ihnen die Larven schlüpfen.

Nordseegarnelen werden das ganze Jahr über gefischt. Dazu ziehen die Krabbenkutter Schleppnetze über den Meeresboden. Alle Garnelen, die kleiner als 5 cm sind, werden ins Meer zurückgeworfen, der Rest an Ort und Stelle gekocht und später als Delikatesse verkauft.

Gewöhnlicher Einsiedlerkrebs
(Eupagurus bernhardus)

Aussehen: Einsiedlerkrebse sind leicht zu erkennen. Sie haben nämlich am Hinterleib keinen Schutzpanzer und tragen stattdessen ein leeres Schneckenhaus mit sich herum, in dem sie ihren empfindlichen Körper verbergen. Mit einem Haken am Hinterleib hält der Krebs sein Haus fest. Vorne schauen die unterschiedlich großen orangeweißlichen Scheren und andere Gliedmaßen heraus.
Lebensraum: Der Gewöhnliche Einsiedlerkrebs lebt im Atlantik, in der Nordsee und der westlichen Ostsee. Kleine Einsiedlerkrebse leben in Ufernähe, größere in tieferem Wasser, wo sie auch größere Schneckenhäuser finden.
Lebensweise: Einsiedlerkrebse leben räuberisch, fressen aber auch Aas und Kleinstlebewesen, die sie von Sandkörnern ablutschen. Wenn der Einsiedlerkrebs wächst, muss er immer wieder in ein größeres Haus umziehen. Dieser Umzug ist natürlich gefährlich, weil er dann für kurze Zeit seinen Schutzpanzer verlassen muss. Ansonsten verlassen nur Eier tragende Weibchen zur Versorgung der Eier mit Frischwasser das Haus – und wenn die Larven schlüpfen.

Häufig haben Einsiedlerkrebse Untermieter. Ein besonders nützlicher ist der Stachelpolyp, ein Nesseltier. Dieser kann mithilfe von Kalk das Gehäuse für den Krebs passgenau vergrößern, als Gegenleistung trägt der Krebs ihn mit sich herum.

Taschenkrebs (Cancer pagurus)

Aussehen: Der kräftige Taschenkrebs kann bis zu 30 cm breit werden. An seinem ersten Beinpaar sitzen besonders große und kräftige Scheren mit schwarzen Spitzen. Die Seitenränder des Rückenpanzers haben an beiden Seiten neun Kerben.
Lebensraum: Taschenkrebse leben an Felsküsten in einer Tiefe von bis zu 100 m. Sie bevorzugen steinigen Meeresboden. In der Nordsee sind sie häufig, sie kommen aber auch im Mittelmeer vor.
Lebensweise: Taschenkrebse ernähren sich von Fischen, Seesternen, Muscheln und anderen Krebsen. Sie können nicht schwimmen, aber in alle Richtungen laufen: vorwärts, rückwärts und auch zur Seite. Nach der Häutung im Herbst gehen die Krebse in tieferes Wasser. Erst im Mai kehren sie in das wärmere und flache Küstengewässer zurück. Dort schlüpfen dann die Larven aus den Eiern, die das Weibchen vorher acht Monate mit sich herumgetragen hat.

Die Scheren von Taschenkrebsen können nachwachsen, wenn sie diese verlieren. Das passiert zum Beispiel, wenn ein Vogel einen Krebs an den Scheren aus dem Wasser ziehen will. Dann brechen sie einfach ab und der Krebs kann sich in Sicherheit bringen.

Seepocken (Balanus balanoides)

Aussehen: Bei den Seepocken müsst ihr ganz genau hinschauen, um zu sehen, dass es sich um Krebstiere handelt. Sie wohnen in einem Gehäuse aus Kalk, das aussieht wie ein kleiner Vulkan. Die Öffnung können sie zum Schutz vor Feinden und Austrocknung mit vier beweglichen Platten verschließen.
Lebensraum: Seepocken leben an Felsküsten der Atlantik- und Nordseeküste. Hier sitzen sie im Brandungsbereich fest auf Steinen oder Muschelbänken. Bei Ebbe kann es passieren, dass sie stundenlang im Trockenen liegen. Mit verschlossenem Kalkdeckel können sie das aber mühelos überleben.
Lebensweise: Seepocken fangen ihre Nahrung mit ihren fächerförmigen »Rankenfüßen«. Mit ihnen bilden sie einen engmaschigen Korb, durch den sie das Wasser hindurchstrudeln und so Kleinstlebewesen aus dem Wasser fischen. Mit dem Kopf haften sie fest am Untergrund.

Seepocken bleiben ihr Leben lang an einer Stelle sitzen. Aber wo? Diese Entscheidung trifft die zunächst frei schwimmende Larve. Sie kann sich überall niederlassen: auf Fels, Holz, aber auch auf dem Rückenpanzer von Krabben. Oder an einem Schiffsrumpf. Dann geht es auf eine Reise um die ganze Welt.

Kleingefleckter Katzenhai (Scyliorhinus canicula)

Aussehen: Der Kleingefleckte Katzenhai ist die häufigste Haiart Europas. Er verdankt seinen Namen seinen katzenähnlichen Augen mit den länglichen Pupillen. Die schlanken Tiere werden etwa 1 m groß. Auffällig sind die Flecken auf dem Rücken, der Bauch ist heller. Die Haut fühlt sich an wie Sandpapier.
Lebensraum: Der Kleingefleckte Katzenhai lebt am Meeresboden bis in 200 m Tiefe. Er kommt im Mittelmeer und in der Nordsee vor.
Lebensweise: Der Katzenhai ist wie die meisten Haie ein Raubfisch. Er jagt in der Nacht und frisst Krebse und Weichtiere, aber auch Tintenfische und kleine Fische. Für Menschen ist er ungefährlich. Das Weibchen legt nach der Befruchtung kapselähnliche Eier ab. Diese sehen aus wie kleine Taschen mit spiraligen Fäden an allen vier Ecken. Manchmal könnt ihr sie am Strand finden. Frisch geschlüpfte Katzenhaie sind etwa 10 cm lang.

Der Katzenhai spürt seine Beute mithilfe von Elektrosensoren an der Schnauze auf. Mit diesen kann er sogar eine im Sand vergrabene Scholle orten. Außerdem hat er einen guten Geruchssinn.

Atlantischer Hering
(Clupea harengus)

Aussehen: Heringe glänzen blau-silbrig. Sie werden bis zu 40 cm lang. Ihr Körper ist schlank und seitlich abgeflacht. Der schwerste Hering, der gefangen wurde, wog 1 kg.
Lebensraum: Heringe leben den größten Teil des Jahres auf hoher See und bis zu einer Tiefe von 200 m. Im Winter ziehen sie in Küstennähe. Wegen ihrer empfindlichen Kiemen können sie nicht in verschmutztem Wasser leben.
Lebensweise: Heringe bilden riesige Schwärme. Das hat den Vorteil, dass Fressfeinde verwirrt werden und nicht gezielt zuschnappen können. Die silbrigen Heringe ernähren sich von Plankton und kleinen Krebschen, dem sogenannten Krill.

Der Atlantische Hering ist der häufigste Fisch der Erde und einer der bedeutendsten Speisefische. Heute sind die Bestände jedoch durch Überfischung stark zurückgegangen. Wir essen ihn als Brathering, Bismarckhering, Matjes, Rollmops, Bückling oder Heringsalat.

Scholle (Pleuronectes platessa)

Aussehen: Die Scholle ist ein Plattfisch. Ihr Körper ist flach wie ein Pfannkuchen. Beide Augen sitzen auf der rechten Körperseite, die oben liegt. Die Farbe der Scholle kann sich dem Untergrund anpassen. Auffallend sind die vielen orangeroten Flecken.
Lebensraum: Schollen sind perfekt an ein Leben auf sandigem Meeresboden angepasst. Am häufigsten findet ihr sie in Tiefen von 10 bis 50 m. Die Jungschollen leben im Wattenmeer.
Lebensweise: Die platten Fische sind Meister im Tarnen. Sie graben sich mit ihrem flachen Körper in den Sand ein, nur die Augen ragen noch heraus. Man muss schon sehr genau hinschauen, um sie zu entdecken. So verstecken sie sich tagsüber, in der Nacht gehen sie auf Jagd. Sie fangen kleine Bodenfische, Würmer, Krebse, Muscheln und Seesterne, indem sie ihren Mund ruckartig vorstülpen.

Die Larven der Schollen sehen ganz anders aus als die ausgewachsenen Fische: Ein Auge sitzt rechts, das andere links. Erst wenn sie sich von der Larve zum Plattfisch umwandeln, wandert das linke Auge auf die rechte Kopfseite. Dabei wird die linke Körperhälfte zur Unterseite.

Seepferdchen (Hippocampus hippocampus)

Aussehen: Bei Seepferdchen mag man gar nicht glauben, dass es sich um einen Fisch handelt. Der Kopf ähnelt dem eines Pferdes, der Hinterleib sieht aus wie ein Wurm und sie schwimmen fast aufrecht mit Flossen, die am Rücken sitzen und aussehen wie kleine Flügel. Eigentlich sehen sie aus wie kleine Drachen. Ihre Farbe kann wechseln: Innerhalb weniger Minuten passen sie sich perfekt der Umgebung an.
Lebensraum: Seepferdchen leben in Seegraswiesen und den Algenregionen der Flachwasserbereiche der Meere. Mit etwas Glück sieht man sie auch in der Nordsee.
Lebensweise: Die drachenähnlichen Fischchen sind keine guten Schwimmer. Deswegen halten sie sich am liebsten in ruhigen Gewässern auf. Mit ihrem Greifschwanz halten sie sich an Wasserpflanzen fest. Sie ernähren sich von kleinen Krebstieren und Plankton.

Bei den Seepferdchen bringen die Männchen die Jungen zur Welt. Das Weibchen legt nämlich die befruchteten Eier in eine besondere Tasche am Bauch der Männchen. Hier entwickeln sich die Larven. Nach 4–5 Wochen schlüpfen die Jungen und schwimmen davon.

Wattwurm (Arenicola marina)

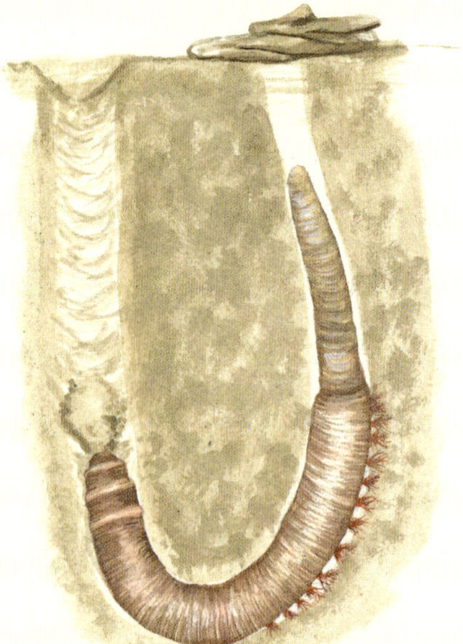

Aussehen: Der Wattwurm gehört zu den Ringelwürmern. Er ist rotbraun und wird bis zu 20 cm lang. Sein vorderes Ende ist dicker als das hintere. Am Kopf hat er einen kleinen Rüssel, den er ausstülpen kann.
Lebensraum: Wie der Name sagt, leben Wattwürmer in den Wattregionen des Atlantiks und der Nordsee. Dort lebt er im Sand eingegraben.
Lebensweise: Wattwürmer graben eine tiefe, u-förmige Röhre in den Sand. In dieser leben sie. Auf der einen Seite der Röhre saugen sie Wasser und Sand an, schlucken beides und filtern alle organischen Stoffe heraus, die an den Sandkörnern sitzen. Am anderen Röhrenende scheiden sie dann den »verdauten« Sand wieder aus. Das sind die vielen kleinen spaghettiförmigen Sandkringel, die ihr im Watt bei Ebbe am Boden sehen könnt.

Wattwürmer sind die häufigsten Tiere im Wattenmeer und sehr wichtig für das Ökosystem. Man schätzt, dass alle Wattwürmer zusammen in einem Jahr einmal die komplette obere Sandschicht des Wattenmeers fressen und wieder ausscheiden. So wird der Boden komplett umgewälzt und gereinigt.

Seestachelbeere (Pleurobrachia pileus)

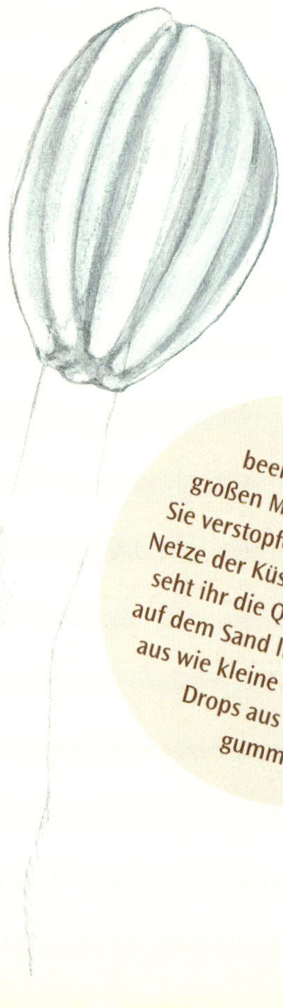

Aussehen: Seestachelbeeren gehören zu den Rippenquallen. Ihr ovaler durchsichtiger Körper ist nur wenige Zentimeter groß. Lediglich der weißliche Darm schimmert durch. Auffallend sind die Rippen, die sich von oben nach unten über den Körper ziehen. An den Seiten sitzen lange Tentakeln.
Lebensraum: Die kleinen Rippenquallen leben im offenen Meer und lassen sich einfach von der Meeresströmung treiben. Sie finden sich im Atlantik, im Mittelmeer, aber auch in der Ost- und Nordsee.
Lebensweise: Rippenquallen haben im Gegensatz zu den Nesselquallen keine Nesselzellen, mit deren Gift sie ihre Beute lähmen. Die langen Fangtentakeln tragen aber Klebezellen, an denen kleine Tiere hängen bleiben. Sind die Tentakeln voll, ziehen die Quallen sie einfach durch den Mund und streifen die daran klebenden Tiere ab.

Seestachelbeeren können in großen Mengen auftreten. Sie verstopfen dann sogar die Netze der Küstenfischer. Häufig seht ihr die Quallen bei Ebbe auf dem Sand liegen. Sie sehen aus wie kleine durchsichtige Drops aus Fruchtgummi.

Seenelke (Metridium senile)

Aussehen: Seenelken sehen zwar aus wie Pflanzen, sind aber keine. Wie die Korallen gehören sie zu den Blumentieren, haben aber kein Kalkskelett, wie es die meisten Korallen haben. Der tonnenförmige Körper der Seenelke hat eine glatte Wand. Am oberen Rand sitzt eine Krone aus bis zu 1000 feinen Tentakeln, die wie ein Federbusch aussieht. Farbe und Größe der Seenelken sind sehr unterschiedlich. Sie können über 20 cm groß werden.
Lebensraum: Seenelken leben an der Atlantik- und Nordseeküste, dort, wo Ebbe und Flut herrschen. Es gibt sie aber auch bis in Tiefen von über 150 m.
Lebensweise: Seenelken bilden kleine Kolonien. Mit ihrer Fußscheibe haften sie auf Felsen, Holz und anderen festen Unterlagen. Um Beute zu fangen, strecken sie ihre Tentakeln ins Wasser. An diesen bleiben dann im Wasser schwebende kleine Tiere hängen. Mithilfe vieler kleiner Wimpern werden sie von dort zum Mund transportiert.

Seenelken können ihre Körperlänge verändern und sich so dem Wasserstand anpassen, wenn dieser einmal schwankt.

Gemeiner Seestern (Asterias rubens)

Aussehen: Den Gemeinen Seestern erkennt man auf den ersten Blick. Sein Körper ist sternförmig und besteht aus fünf Armen. Er hat ein bewegliches Kalkskelett, das aus vielen kleinen Plättchen besteht, auf denen kurze Stacheln sitzen. An seiner Unterseite sitzt eine kleine Mundöffnung. Er kann bis zu einem halben Meter groß werden.
Lebensraum: Der Seestern lebt an felsigen und steinigen Küsten bis zu einer Tiefe von 200 m.
Lebensweise: Auf der Unterseite der Arme befinden sich vier Reihen von kleinen Füßchen mit Saugnäpfen. Sie helfen beim Laufen: Sie strecken sich vor, saugen sich fest und ziehen den sternförmigen Körper nach vorne. Mit den Saugfüßchen öffnen Seesterne auch geschickt die Schalen von Muscheln, ihrer Lieblingsspeise.

Seesterne können an einem Tag das Mehrfache ihres Körpergewichts fressen. Ist eine Beute zu groß, um durch die Mundöffnung zu passen, stülpen Seesterne ihren Magen nach außen über die Beute und verdauen ihre Nahrung einfach außerhalb des Körpers.

Strandhafer (Ammophila arenaria)

Merkmale: Strandhafer gehört zu der großen Pflanzenfamilie der Süßgräser. Er hat dunkelgrüne lange schmale Blätter, die meist der Länge nach eingerollt sind. Die dichten Grasbüschel können bis zu 1 m hoch werden. Strandhafer blüht im Sommer. Die Blütenstände sind etwa 10 cm lang.
Vorkommen: Strandhafer wächst an Sandküsten und in Dünen.
Wissenswertes: An sandigen Küsten ist Strandhafer die wichtigste Pflanze. Er hat ein ausgedehntes Wurzelsystem und vermehrt sich über Ausläufer. Das sind oberirdisch oder unterirdisch kriechende, verlängerte Seitensprosse, die von der Mutterpflanze ausgehen. Durch diese Vermehrungsart bildet sich ein dichtes Wurzelwerk, das verhindert, dass der Wind den Sand einfach fortbläst. So stabilisiert Strandhafer die Stranddünen. Er spielt auch bei der Entstehung von Dünen eine Rolle: Weil er den Wind bremst, kann sich Sand zwischen seinen Stängeln festsetzen. Wenn sich der Sand anhäuft, bildet der Strandhafer einfach immer neue Wurzeln, und die Dünen wachsen allmählich in die Höhe.

Sanddorn (Hippophaë rhamnoides)

Merkmale: Der Sanddorn ist zwar ein Strauch, kann aber mehr als 5 m hoch werden. Die Blätter sind schmal und silbrig, seine Äste rotbraun und voller Dornen. Am sichersten erkennt ihr ihn im Herbst an seinen leuchtend orangefarbenen Früchten.
Vorkommen: Der Sanddorn wächst auf Sand- und Kiesböden. Deswegen kann er auch in Steppen, an Meeresküsten und in Dünengebieten gut wachsen.
Wissenswertes: Der dornige Strauch hat viele verzweigte Wurzeln, die tief in die Erde reichen. Das ist wichtig, weil er so an Grundwasser herankommt und auch an trockenen Standorten wachsen kann. Darum pflanzt man ihn auch in Dünengebieten aus. Hier hilft er dabei, den Sandboden zu befestigen und Lebensraum für andere Pflanzen zu schaffen.

Die Früchte des Sanddorns sind sehr gesund. Sie enthalten nämlich große Mengen Vitamin C. Ihr dürft sie aber nicht roh essen, sie müssen zuvor einige Minuten gekocht werden. Im Winter sind die Früchte für viele Vögel eine wichtige Nahrungsquelle.

Blasentang (Fucus vesiculosus)

Merkmale: Blasentang gehört zu den Braunalgen. Diese heißen so, weil ein brauner Farbstoff das Blattgrün überlagert. Wie alle Algen hat Blasentang keine Blätter und Wurzeln. Den Pflanzenkörper bezeichnet man als Thallus, anstelle von Wurzeln hat Blasentang eine Haftplatte, mit der er sich irgendwo anheftet. Der Thallus ist olivgrün bis schwarzbraun und fühlt sich glitschig und derb an, ein bisschen wie Gummi. Darin sitzen große, gasgefüllte Blasen. Sie streben wie Luftballons nach oben und sorgen so dafür, dass die Alge aufrecht im Wasser steht.
Vorkommen: Blasentang ist in den Meeren der gesamten Nordhalbkugel verbreitet. Er wächst in der Brandungszone an Meeresküsten auf Felsen und anderen festen Unterlagen.
Wissenswertes: Tang bietet vielen kleinen Tieren und Pflanzen einen Lebensraum. Im Dickicht seiner Wedel leben Quallen, Schnecken, Moostierchen, Seepocken und viele andere Meeresbewohner. Bei Ebbe schützt ihn eine Schleimschicht davor, auszutrocknen. Starker Wind und Stürme schwemmen manchmal ganze Blasentangteppiche ans Ufer.

In Japan wird er als Gemüse zubereitet gegessen.

Seegras (Zostera)

Merkmale: Seegräser erinnern zwar von ihrem Wuchs her an Gras, sie gehören aber zu den wenigen Blütenpflanzen, die im Meer gedeihen. Die Blätter sehen aus wie schmale Riemen und werden mehr als einen halben Meter lang. Die Blüten erscheinen im Frühjahr und Sommer. Sie ähneln den Blüten der Gräser, die wir von der Wiese her kennen.
Vorkommen: Seegras wächst in Tiefen von 15 m auf Meeresböden, besonders in seichten Buchten auf Sandböden.
Wissenswertes: Seegras bildet an fast allen Küsten der Erde ausgedehnte Unterwasserwiesen. Diese sind ein wichtiger Lebensraum für unzählige Tier- und Pflanzenarten. Der dichte Bewuchs dient vielen Fischen als Kinderstube. Hier können sich die wehrlosen Jungfische verstecken und sind so vor Fressfeinden geschützt. Auch Seepferdchen leben hier.

Gibt es in der Nord- oder Ostsee eigentlich Wale?

Ihr wisst sicherlich schon einiges über Wale, zum Beispiel dass Wale Säugetiere sind und zum Luftholen immer wieder auftauchen müssen, dass der Pottwal sich von Riesentintenfischen ernährt und dass der Blauwal das größte Tier der Welt ist. Diese Walarten leben meistens auf hoher See. Aber gibt es auch in der Nord- und der Ostsee Wale?

Die Antwort lautet: ja! **In der Tat gibt es verschiedene Wale in unseren Küstengewässern: Zwergwale, Große Tümmler und manchmal auch Enten- oder Pottwale.** Aber die bekannteste und häufigste Walart in der Nord- und Ostsee ist der **Schweinswal.** In der Nordsee leben 200 000 bis 300 000 dieser Wale, in der Ostsee ungefähr 600. Schweinswale werden auch Kleiner Tümmler, Meerschwein oder Braunfisch genannt. Sie gehören zu den Zahnwalen und sind relativ klein. Sie werden höchstens 1,90 m groß, also ungefähr so groß wie wir Menschen. Diese kleinen Wale wiegen an die 80–90 kg, haben einen grauschwarzen Körper und eine weiß glänzende Körperunterseite. Sie sind entweder als Einzelgänger unterwegs oder in kleinen Gruppen.

Schweinswale ernähren sich von Fischen, Tintenfischen und Krebsen, die sie in den flachen Küstengewässern erbeuten. 4 kg Futter brauchen die kleinen Wale jeden Tag und erbeuten in der Nordsee überwiegend Heringe, Plattfische, Kabeljau und Sandaale. In der Ostsee finden sie neben dem Kabeljau auch viele Grundeln. Weil diese Fische auf dem Meeresgrund leben, durchwühlen die Schweinswale den Boden. Hierzu können sie 80 m tief tauchen und mehr als sechs Minuten unter Wasser bleiben, bis sie Luft holen und auftauchen müssen.

Jedes Jahr werden Schweinswale in Flussmündungen entdeckt. Wissenschaftler vermuten, dass sie bei der Suche nach Nahrung Fischschwärme verfolgen, die flussaufwärts zum

Laichen ziehen. Es wurden auch schon Schweinswale in dem norddeutschen Fluss Weser gesichtet, zum Teil 40 km von der Mündung ins Meer entfernt!

Fast jedes Jahr bekommen Schweinswale ein Junges. Die Weibchen sind 11 Monate trächtig und säugen in dieser Zeit noch oft das Walbaby aus dem letzten Jahr. Die meisten Walbabys kommen vor den Inseln Sylt oder Amrum zur Welt. Die kleinen Wale werden immer mit der **Fluke,** also der Schwanzflosse, voran geboren. Erst ganz zum Schluss kommt der Kopf. Das ist überlebenswichtig für das Walbaby, denn kaum ist der Kopf aus dem Mutterkörper heraus, muss das Baby losschwimmen und seiner Mutter an die Wasseroberfläche folgen, um erst einmal tief Luft zu holen. **Denn wie alle Wale atmet auch der Schweinswal durch die Lunge** und kommt hierzu ungefähr viermal in der Minute an die Wasseroberfläche.

Übrigens: Schweinswale haben in der Nord- und Ostsee keine natürlichen Feinde. Die größte Gefahr für sie sind die Stellnetze der Kabeljau- und Steinbuttfischer, welche die Wale in dem trüben Meerwasser nicht wahrnehmen können. Viele Wale verfangen sich in diesen Netzen, können zum Atmen nicht mehr an die Wasseroberfläche kommen und ersticken.

Wie kommen die Löcher in die Muschelschalen?

Bei einer Strandwanderung könnt ihr wunderbar Muscheln sammeln. Die Wellen umspülen eure Füße und bringen bei jeder Wasserbewegung ein paar neue Muschelschalen mit. So könnt ihr immer wieder neue Formen in allen möglichen Farben und Größen entdecken und jede Muschel erscheint einzigartig. Manchmal liegen auch Muschelschalen mit runden Löchern am Strand. Vielleicht fragt ihr euch dann, woher eigentlich die Löcher in der Muschel kommen?

In der Nord- und Ostsee gibt es besonders viele Trog- und Pfeffermuscheln. Diese Muscheln leben auf dem Meeresgrund, wo sie sich in den Sand eingraben. Mit ihrem **Sipho,** das ist eine Art Schnorchel, der aus ihrem eingebuddelten Körper bis ins Wasser hineinragt, filtern sie kleinste Lebewesen aus dem Meer. Ihre Schalen haben sie ganz fest verschlossen, um den weichen Muschelkörper vor Fressfeinden zu schützen.

Die Muschelschalen, die ihr am Strand findet, sind aber meistens leer. Oft ist das Innere der Muschel von einem anderen Tier gefressen worden. Dann liegt nur noch die leere Schale am Strand und von dem Muschelkörper ist nichts mehr zu sehen. Nur ein paar Löcher weisen darauf hin, wer sich hier über die Muschel hergemacht hat: Sie stammen von räuberisch lebenden **Bohrschnecken oder Nabelschnecken.**

Die kleinen Schnecken leben auf dem Meeresboden und durchpflügen den Sand auf der Suche nach Weichtieren. Wenn sie eine Muschel gefunden haben, kriechen sie auf die Schale und untersuchen sie genau. Dabei drehen sie die Schale mit ihrem Kriechfuß um. Hält die Schnecke ihre Beute für geeignet, klebt sie ihren **Kriechfuß** mit einem besonders klebrigen Schleim an der Muschelschale fest und zieht die Muschel tiefer in den sandigen Meeresboden hinunter.

Mit ihrer **Raspelzunge** raspelt die Schnecke langsam ein Loch in die Schale. Hierzu führt sie die Zunge immer hin und her, um Kratzer auf der Schale zu erzeugen, die sich nach und nach vertiefen. Außerdem sondert sie einen säurehaltigen Schleim ab, der die Schale anätzt. Um ein Loch in eine 3 mm dicke Schale zu raspeln, braucht die Schnecke oft mehrere Tage. Ist das Loch fertig, fährt die Schnecke sofort einen Saugrüssel aus und fängt an, den Muschelkörper aufzusaugen. Auch das dauert ganz schön lang. Für eine Muschel, die 1,5 cm lang und knapp 1 cm hoch ist, kann das mehr als zwei Tage in Anspruch nehmen.

Wenn eine Bohrschnecke bei ihrem Beutezug auf eine andere Bohrschnecke trifft, passiert es manchmal sogar, dass eine Schnecke die andere aussaugt.

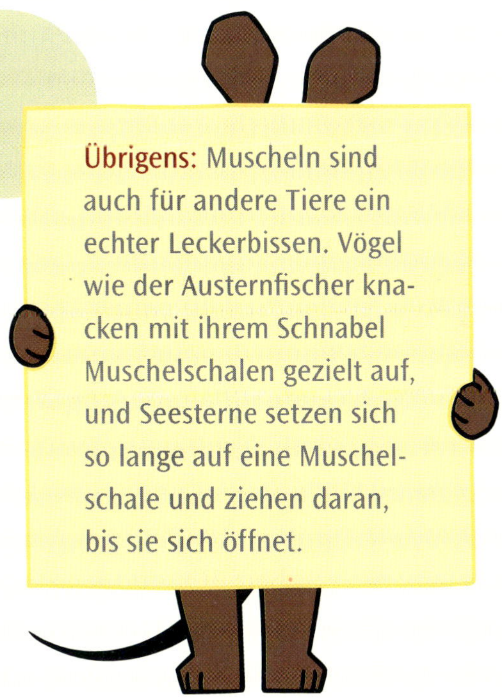

Übrigens: Muscheln sind auch für andere Tiere ein echter Leckerbissen. Vögel wie der Austernfischer knacken mit ihrem Schnabel Muschelschalen gezielt auf, und Seesterne setzen sich so lange auf eine Muschelschale und ziehen daran, bis sie sich öffnet.

Wie kommt es, dass am Strand manchmal von heute auf morgen so viele Quallen herumliegen?

Im Sommer sind am Strand und im Wasser haufenweise Quallen zu entdecken. Geht es euch dann auch so, dass ihr diese Tiere faszinierend und abschreckend zugleich findet? Einerseits macht es im Wasser Spaß, diese eleganten und anmutigen Schwimmer zu beobachten. Anderseits habt ihr vielleicht auch ein wenig Ekel vor den glibberigen, glitschigen Körpern und fürchtet euch davor, die Quallen zu berühren. Und manchmal ist es schon etwas unheimlich, wenn da, wo gestern noch keine einzige Qualle zu sehen war, am nächsten Tag Hunderte nebeneinander am Strand liegen. Aber wo kommen die vielen Quallen so plötzlich her?

Viele Quallenarten leben in großen Schwärmen weit draußen im Meer. Ihre runden Körper bestehen aus einem glockenförmigen Schirm mit langen Fangarmen, den **Tentakeln.** Sie bewegen sich stoßweise durchs Wasser und werden von der Strömung und dem Wind vorangetrieben. Wenn der Wind nun vom Meer kommend in Richtung Land weht, kann es passieren, dass die Quallen mit dieser Strömung an die Küste getrieben werden. Hier treiben sie dann am Strand im Wasser hin und her. Da sie nicht selbstständig zurück ins offene Meer schwimmen können, werden sie irgendwann mit den Flutwellen auf den Sand gespült und bleiben hier liegen. An deutschen Stränden finden wir dann vor allem die ungefährliche Ohrenqualle.

Quallen haben eine ganz besondere Eigenschaft. Sie haben eine Art geheimes Leben, das sie festsitzend auf dem Meeresboden führen. Denn das Tier, das ihr als Qualle kennt, lebt eine Zeit lang als unbeweglicher **Polyp** auf Steinen oder Felsen auf dem Meeresgrund. Auch Biologen gingen lange Zeit davon aus, dass es sich um zwei unterschiedliche Tiere handelte, bis sie dem Doppelleben auf die Spur kamen: **Die Qualle ist das**

erwachsene Tier, der Polyp ein spezielles Jungtierstadium, das nicht wie eine schirmförmige Qualle aussieht, sondern eher einem kleinen Bäumchen ähnelt.

Die frei schwimmenden Quallen geben ihre Eier und Samen einfach ins Wasser ab. Die Befruchtung der Eier erfolgt im Wasser, wenn Samen und Eier zufällig aufeinandertreffen. Aus der befruchteten Eizelle entsteht eine kleine **Larve,** die sich durchs Wasser treiben lässt, bis sie einen geeigneten Stein oder Felsen gefunden hat. Dort setzt sie sich fest und entwickelt sich zu einem kleinen **Polypen,** der mit seinen Fangarmen vorbeischwimmende Krebstierchen greift und sie frisst. Wenn im Frühjahr das Wasser wärmer wird, schnüren sich von den Polypen kleine scheibenförmige Gebilde ab. Sie werden von der Meeresströmung durchs Wasser getragen und entwickeln sich zu frei schwimmenden **Babyquallen.** Diese wachsen zu erwachsenen **Quallen** heran und kurz darauf beginnt der Fortpflanzungskreislauf wieder von vorn.

Übrigens: Im Mittelmeer und in einigen tropischen Meeren leben die 7 cm großen Leucht- oder Feuerquallen. Sie treiben in riesigen Schwärmen durchs Wasser und jagen kleine Fischlarven. Werden die Quallen berührt oder gestört, leuchten sie intensiv auf. Die Fangarme der Feuerqualle können 10 m lang werden und sitzen voller Nesselzellen. Berührt man versehentlich eine dieser langen Tentakel, können die Nesselzellen in unsere Haut eindringen und ein schmerzhaftes Brennen verursachen. Das ist zwar nicht gefährlich, aber trotzdem sehr unangenehm.

Warum heißen junge Seehunde eigentlich Heuler?

Habt ihr schon mal Seehunde beobachtet? Manchmal kommen sie ganz nah an den Strand und ihre Köpfe tanzen zwischen den Wellen auf und ab. Oder sie liegen auf einer Sandbank, sonnen sich und beobachten die Wattwanderer eine Zeit lang, bevor sie sich in die Fluten stürzen. Ab und zu liegen auch kleine Seehunde allein am Strand und heulen herzerweichend. Diese Seehundbabys werden Heuler genannt, sind aber nicht immer so hilfebedürftig, wie es sich anhört.

Heuler sind erst ein paar Wochen alt und ihr Heulen ist meist ein Suchruf nach der Mutter und nur selten ein Hilferuf. Manchmal verlässt die Mutter ihr Junges für kurze Zeit, weil sie gestört wurde oder ins Meer hinausschwimmt, um zu fischen. Dann fangen die kleinen Seehunde nach kurzer Zeit an zu heulen. So versuchen sie den Kontakt zur Mutter wieder herzustellen und so findet die Mutter auch ihr Junges wieder; sie erkennt es nämlich schon aus der Ferne am Geheul. Einige **Heuler** rufen aber auch nach ihren Müttern, weil sie vor Kurzem abgestillt wurden und sich jetzt allein ernähren müssen. Selber Beute zu erjagen ist natürlich schwieriger und anstrengender, als Milch bei der Mutter zu trinken. Aber all diese Heuler sind nur kurze Zeit verlassen; es geht ihnen gut und sie brauchen keine Hilfe vom Menschen. **Erst wenn diese Heuler angefasst werden, kommen sie in eine bedrohliche Situation.** Wenn die Mutter zu ihrem Jungen zurückkommt und der Geruch von menschlichen Händen auf dessen Fell ist, wird sie ihr Kind verstoßen und am Strand zurücklassen.

Es gibt aber auch Heuler, die wirklich Hilfe benötigen. Das können zum Beispiel kleine Seehunde sein, die von ihren Müttern nach einem Sturm nicht wiedergefunden wurden oder deren Mutter sich verletzt hat. Oder sie sind krank und alleingelassen, weil die Mutter sie wegen der Krankheit verstoßen hat.

Eine weitere Möglichkeit ist die, dass eine Mutter Zwillinge bekommen hat. Dann kann sie oft nur ein Junges großziehen und lässt das andere zurück, das dann erbärmlich heult.

Wenn ihr glaubt, dass ihr einen Heuler in einer Notsituation entdeckt habt, benachrichtigt eine **Seehundstation.** Scheint der Heuler gesund zu sein, warten die Seehundschützer erst einmal Ebbe und Flut ab, ob die Mutter nicht zum Jungtier zurückkehrt. Hierfür sperren sie manchmal den Bereich um den Heuler ab, sodass der kleine Seehund weder von Spaziergängern noch von Hunden gestört wird. Braucht der kleine Seehund wirklich Hilfe, wird er mit in die Seehundstation genommen und hier aufgezogen. Die meisten Seehunde werden später wieder ausgewildert und können ins Meer zurück. Hierzu brauchen sie ein Mindestgewicht von 25 bis 30 kg. Bei den Aussetzfahrten werden sie zu ausgewählten Sandbänken gebracht und dann in Transportkörben an den Strand gesetzt. Nach kurzer Eingewöhnungszeit werden die Körbe geöffnet und die Seehunde robben dem Wasser entgegen und schwimmen aufs offene Meer.

Übrigens: Seehunde stehen auf der sogenannten **Roten Liste,** auf der sämtliche bedrohten Arten stehen, und müssen besonders geschützt werden. Sie reagieren empfindlich auf verschmutztes Meerwasser und sammeln die Giftstoffe in ihren Körpern an. Außerdem starben vor einigen Jahren viele Seehunde durch eine Viruserkrankung. Mittlerweile gibt es in der Nordsee aber wieder etwa 20 000 Seehunde.

Eine Collage aus Strandgut

Egal, ob ihr am Strand entlanggeht oder spielt, irgendwann bückt ihr euch und hebt etwas auf. Das passiert fast automatisch. Irgendeine Muschel, ein Stein oder ein Holzstück haben euch so interessiert, dass ihr es hochnehmt. Dann sammelt das nächste Mal doch einfach weiter. Ihr werdet staunen, wie viele unterschiedliche Dinge ihr während eines Strandurlaubs finden könnt.

Hierfür braucht ihr:

- 1 Eimer für das Strandgut
- 1 kleine Dose mit Deckel
- 1 Leinwand
  aus dem Baumarkt oder Bastelbedarf
- 1 Tube Alleskleber

Der beste Zeitpunkt für dieses Experiment:
immer wenn ihr am Strand seid.

So wird es gemacht:

- Sammelt am Strand alle Dinge, die ihr schön oder interessant findet. Achtet aber bei Schalen und Gehäusen darauf, dass sie wirklich unbewohnt sind.
- Gebt auch ein wenig Strandsand in die Dose und nehmt ihn mit.
- Wascht alle Fundstücke unter Leitungswasser ab und lasst sie an der Luft trocknen.
- Verteilt etwas Alleskleber auf der Leinwand und streut den Sand darauf.
- Klebt eure Fundstücke mit Alleskleber auf die Leinwand. Lasst dabei eurer Fantasie freien Lauf und überlegt euch, wie ihr mit dem gesammelten Strandgut schöne Muster und Formen legen könnt.

Das könnt ihr beobachten:

Mit ein bisschen Glück findet ihr nicht nur Steine, Holz und die Schalen bzw. Gehäuse von Muscheln und Schnecken, sondern auch Vogelfedern, Schalen von Haifischeiern oder einen Tintenfischschulp. Das ist das innere Kalkskelett von Tintenfischen.

Tipp:
In Baumärkten gibt es auch Sammelrahmen oder Sammelkästen, in denen ihr die Fundstücke sammeln könnt. Da diese Kästen einen Glasdeckel haben, ist eure Collage darin zusätzlich geschützt.

Harte Schalen einfach aufgelöst

Muschel- und Schneckenschalen sind teilweise ganz schön dick und stabil, damit sie ihren Bewohnern Schutz bieten können. Wisst ihr, woraus diese Schalen bestehen? Aus dem gleichen Stoff wie Eierschalen, aus Kalk. Mit diesem einfachen Versuch könnt ihr sie ganz einfach mal in nichts auflösen.

Hierfür braucht ihr:

- mehrere leere Muschelschalen und Schneckenhäuschen
- mehrere Gläser (je nach Menge der Schalen)
- Essigessenz aus dem Supermarkt

Der beste Zeitpunkt für dieses Experiment:
jederzeit

So wird es gemacht:

- Sammelt ein paar dünne Schalen und Schneckengehäuse am Strand.
- Füllt die Gläser zur Hälfte mit Essigessenz.
- Legt die Schalen vorsichtig in den Essig.
- Beobachtet die Gläser mehrere Tage.

Das könnt ihr beobachten:

Schon nach ein paar Minuten könnt ihr sehen, dass an den Schalen im Essig kleine Bläschen entstehen. Nach und nach steigen diese Bläschen an die Oberfläche und zerplatzen dort. Wenn ihr die Schalen und Gehäuse über mehrere Tage beobachtet, werdet ihr feststellen, dass sie immer kleiner werden und sich tatsächlich auflösen. Irgendwann ist dann von der harten Substanz nichts mehr da. Die Schalen und Gehäuse weichen in Wasser zwar nicht auf, so wie ihr das von eurer Haut kennt, aber die Säure des Essigs greift den Kalk der Schalen an und löst ihn nach und nach auf. Im Zuge dieses Lösungsvorgangs wird das Gas Kohlendioxid frei, das sich in Gasbläschen sammelt.

Tipp:

Wenn ihr am Strand Schalen von einem zerbrochenen Vogelei findet, könnt ihr den Essigversuch auch mit ihnen machen.

Lebensraum Wiese und Acker

Vor über 6000 Jahren wurden Menschen in Mitteleuropa sesshaft und fingen an, Getreide und andere Feldfrüchte anzubauen und Tiere zu züchten. Um Ackerland zu gewinnen, rodeten unsere Vorfahren Wälder oder brannten sie einfach nieder. Einen Teil der brachliegenden Flächen überließen sie sich selbst. Ziegen, Rinder und Schafe sorgten dafür, dass junge Bäume und Sträucher nicht groß werden konnten, indem sie die jungen Gehölze einfach abweideten. **Die einstigen ausgedehnten Urwälder wurden so immer lichter.**

Nach und nach entstand eine abwechslungsreiche neue Landschaftsform mit Äckern, Wiesen und Weiden: eine sogenannte **Kulturlandschaft.** So nennt man Landschaften, die nicht mehr rein natürlich gewachsen sind, sondern von Menschenhand beeinflusst wurden. Zu dieser Landschaftsform gehören neben den Feldern und ihren bewachsenen Rändern auch Siedlungen und Wege, Hecken sowie kleine »Feldgehölze«, also kleine Busch- und Baumgruppen auf den Feldern.

Ackerbau früher und heute – und sein Einfluss auf Pflanzen und Tiere

Äcker und Wiesen werden seit vielen Generationen vom Menschen bewirtschaftet. Früher säten die Bauern von Hand Gras als Futter für das Vieh aus und bauten Getreide als Nahrung für sich selbst an. Auf den **Getreidefeldern** blühten zudem Mohn, Margeriten, Kornblumen und viele andere Pflanzen. Abgeerntet wurden die Felder mit Sensen. Durch diese Handarbeit blieben viele Halme und Ähren stehen und Tiere fanden reichlich Nahrung.

Wiese oder Weide?

Der wichtigste Unterschied zwischen einer Wiese und einer Weide ist, dass Wiesen regelmäßig gemäht werden. Das heißt, dass mit einem Mal alle oberirdischen Pflanzenteile entfernt werden und alle Pflanzen erneut die gleichen Bedingungen haben, um wieder zu wachsen und zu blühen. Auf Viehweiden bleiben hingegen immer bestimmte Pflanzen stehen, die die Weidetiere nicht fressen. Dadurch haben dort auch Pflanzen eine Chance, die sich auf raffinierte Weise gegen das Gefressenwerden wehren, wie zum Beispiel der bitter schmeckende Enzian oder die harte Binse. Auf Wiesen würden diese Pflanzen einfach abgemäht, auf Weiden bleiben sie stehen. Darum findet ihr auf Weiden völlig andere Pflanzengesellschaften als auf Wiesen.

Mit der Erfindung des Düngers hat sich viel verändert: Bauern konnten nun viel mehr ernten als vorher. Aber der Einsatz von Dünger hat nicht nur Gutes bewirkt. Früher ließ man Böden immer wieder für längere Zeit brach liegen, damit sie sich erholen konnten. In dieser Zeit wuchsen auf ihnen die unterschiedlichsten Blütenpflanzen, die wiederum zahlreiche Insekten anlockten. Auf Böden, die künstlich gedüngt werden, kann hingegen nach der Ernte ohne Pause sofort wieder ausgesät werden. Dadurch werden manche Pflanzen gefördert, die andere verdrängen. Letztere sterben dann allmählich aus. Zudem finden Tiere auf modernen Äckern, die mit Mähmaschinen ratzekahl abgeerntet wurden, kaum noch Nahrung. Solche Felder ernähren einen Vogel nur eine kurze Zeit, nämlich wenn die Körner reif sind. Nach der Ernte bleibt kaum mehr ein Halm für ihn übrig.

Leben auf Wiesen und Äckern

In jeder Region gibt es viele verschiedene Lebensräume, in denen bestimmte Pflanzen wachsen können und entsprechende Tiere leben. Wie sich eine solche Lebensgemeinschaft zusammensetzt, hängt von vielen verschiedenen Gegebenheiten ab. Das sind zum Beispiel die Beschaffenheit des Bodens, die Höhenlage und die Regenmenge. Vor allem der **Boden** ist dabei ein wichtiger Faktor. Es gibt leichte, schwere, saure, sandige, tonige, nährstoffreiche, nährstoffarme, lehmige, dichte, feuchte, trockene, steinige und kalkhaltige Böden. Manche Pflanzen sind bezüglich des Bodens sehr wählerisch und wachsen nur unter bestimmten Bedingungen, andere sind Alleskönner und gedeihen auf allen Bodenarten.

Offene, weite Grasflächen sind von Menschen geschaffen. Auf Wiesen, die regelmäßig gedüngt und gemäht werden, gibt es heute meist nicht mehr so viele Tierarten wie früher. Ganz anders auf **Wiesen,** die man einige Jahre ganz in Ruhe gelassen hat. Hier wachsen viele, zum Teil seltene Wildblumen. Besonders schön blüht es auf den trockenen Bergwiesen mit ihren nährstoffarmen Böden. Dort blühen zum Beispiel Orchideen, Anemonen, Enzian oder Thymian.

Auf Äckern und Feldern sieht es wieder anders aus. Hier wird mindestens einmal im Jahr umgepflügt. Deshalb wachsen hier nur sogenannte **einjährige Pflanzen** wie der Klatschmohn und Kornblumen. Sie schließen in einer Saison ihre ganze Entwicklung ab – vom Auskeimen über die Blüte bis zur Bildung neuer Samen.

Auch die **Tierwelt** hat sich auf das Leben auf Wiesen und Äckern eingestellt: Hoch über den weiten Landschaften und Feldern kreisen zum Beispiel Greifvögel, die nach Mäusen, Wildkaninchen und anderen Beutetieren Ausschau halten. Manche Tiere haben sich auch ganz auf das Leben in der Graslandschaft spezialisiert. Dazu zählen Hasen, Wildkaninchen, Feldhamster, Maulwürfe, Feldmäuse, Heuschrecken, etliche Schmetterlinge, Schwebfliegen und Käfer.

Grüne Lebensadern

Besonders wichtig sind **Hecken** und kleine **Feldgehölze.** Früher markierte man mit Hecken sein Grundstück. Heute haben sie auf dem Land eine ganz andere Funktion. Sie gliedern die Landschaft, bremsen den Wind und bieten unzähligen Vögeln, Insekten und Kleinsäugern einen Lebensraum. Hier gibt es Schatten, Versteckmöglichkeiten und Nahrung. Hier bauen Vögel ihre Nester und Eichhörnchen nutzen die Fülle an Beeren und Früchten. Man schätzt, dass in langen Hecken etwa 7000 verschiedene Tierarten wohnen. Naturschützer versuchen deshalb, so viele Hecken wie möglich zu pflanzen und miteinander zu verbinden. So ziehen sie sich wie grüne Lebensadern durch Felder und Wiesen und bilden lange, zusammenhängende **Biotope** – so nennen Fachleute den Lebensraum einer Lebensgemeinschaft. Und dabei ist jede einzelne Hecke wichtig, auch in Gärten oder in Parks. Ihr könnt auch ganz leicht selber eine pflanzen. Am besten nehmt ihr dafür Wildsträucher oder Wildrosen, denn je buschiger und vielfältiger eine Hecke ist, umso besser.

Auch Weg- und Ackerränder sind wichtige Lebensräume. Wege waren früher die einzige Verbindung zwischen Dörfern. Wanderer und Pilger blieben am Wegesrand an Pflanzen hängen und schleppten so an ihrer Kleidung und den Schuhen Pflanzensamen mit, die irgendwann abfielen und keimten. Auch kleine Tiere gingen unbeabsichtigt mit auf Reisen. So kommt es, dass sich Pflanzen und Tiere von den Wegrändern aus allmählich ausbreiten konnten.

Feldhase – Meister im Hakenschlagen

(Lepus europaeus)

Feldhasen ähneln auf den ersten Blick Wildkaninchen, sind aber viel größer und schlanker als diese. Sie können bis zu 75 cm lang werden. Auch an den Ohren kann man Hasen und Kaninchen unterscheiden: Die Ohren der Feldhasen sind deutlich länger als der Kopf, die der Wildkaninchen eher kurz. Das Fell der Hasen ist dicht und wollig. Am Rücken ist es im Sommer graubraun und schwarz gesprenkelt, am Bauch ist es weiß. Im Winter ist das Fell heller.

Die beste Zeit, um die flinken Tiere zu beobachten, ist der März, wenn das Gras noch nicht hoch ist und noch keine Deckung bietet. Dann kann man sehen, wie die Hasen auf Feldern und Wiesen herumtollen.

Wenn sich Hasen normal bewegen, hoppeln sie gemächlich. Das heißt, dass sie die breiten Hinterpfoten vor die Vorderpfoten setzen. Ihr könnt ihre Spuren im Schnee oder auf weichem Boden leicht erkennen. Kommt ihnen jedoch ein möglicher Feind zu nahe, ducken sie sich dicht an den Boden – und flüchten im letzten Augenblick. Dabei laufen sie bis zu 70 km/h schnell und ändern immer wieder abrupt die Richtung, um den Verfolger abzuschütteln. Das nennt man **Hakenschlagen.** So können sie kilometerlang am Stück laufen. Die natürlichen Feinde des Hasen sind Fuchs, Wiesel, Katze, Marder und Greifvögel.

Feldhasen sind sehr scheu. Tagsüber ruhen sie verborgen in flachen Bodenmulden oder im hohen Gras. Erst in der Dämmerung verlassen sie ihr Versteck, um nach Nahrung zu suchen. Sie sind reine **Pflanzenfresser** und ernähren sich von Gräsern, Kräutern und den Rinden junger Bäume. Sie trinken nur selten, weil sie das Wasser aus den saftigen Pflanzen gewinnen.

Hasen sind Einzelgänger, mit Artgenossen treffen sie sich nur zur Paarungszeit. Diese beginnt früh im Jahr, oft schon im Februar. Dann tragen die männlichen Hasen, die **Rammler,** richtige Boxkämpfe miteinander aus. Auch die Häsin muss dann bisweilen heftige Ohrfeigen einstecken. Dreimal im Jahr bringt sie ihre Jungen zur Welt. Die Neugeborenen sind von Beginn an behaart und haben offene Augen. Bereits nach kurzer Zeit hoppeln sie mit der Mutter umher.

Wildkaninchen (Oryctolagus cuniculus)

Aussehen: Wildkaninchen ähneln Feldhasen, sind aber kleiner als diese und haben einen rundlicheren Körperbau. Beine und Ohren sind kürzer als beim Hasen. Auf der Oberseite ist das Kaninchen graubraun, die Unterseite ist weiß.
Lebensraum: Wildkaninchen lieben lockere, sandige Böden in hügeligem Gelände. Ihr könnt sie in lichten Wäldern, Parkanlagen und Gärten beobachten, am besten in der Abenddämmerung.
Lebensweise: Wildkaninchen sind gesellige Tiere und leben oft in großen Kolonien in unterirdischen Bauen zusammen. Das sind weitverzweigte unterirdische Gangsysteme mit verschiedenen Kammern, in denen sie schlafen und ihre Jungen zur Welt bringen. Kaninchen vermehren sich sehr stark, ein Weibchen kann mehrmals im Jahr bis zu 15 Junge gebären. Sie ernähren sich von Krautpflanzen und deren Wurzeln, nagen aber auch Baum- und Strauchschösslinge ab.

Wildkaninchen spielen in der Lebensgemeinschaft Wiese und Acker eine wichtige Rolle. Zum Beispiel halten sie durch das Abnagen von sprießenden Bäumchen ganze Flächen von hohem Bewuchs frei und schaffen damit für viele Tier- und Pflanzenarten Lebensraum.

Feldmaus (Microtus arvalis)

Aussehen: Die Feldmaus gehört zur Familie der Wühlmäuse. Sie ist etwa 12 cm groß und hat ein braungraues bis graugelbliches Fell. Ihr Schwanz ist kurz und die kleinen Ohren sind gut sichtbar.
Lebensraum: Feldmäuse leben in offenem Gelände, also auf Wiesen, Weiden, Feldern und auch in unseren Gärten.
Lebensweise: Die kleinen Mäuse graben unter der Erde ein weitverzweigtes Gangsystem, in dem sie Nest- und Vorratskammern anlegen. Sie sind das ganze Jahr aktiv und fressen Gräser, Krautpflanzen, Wurzeln, Samen und Feldfrüchte. Im Garten richten sie bisweilen größeren Schaden an. Sie können außerdem gut schwimmen.
Bei Gefahr fauchen und zischen Feldmäuse. Sie haben viele natürliche Feinde, die ihnen nachstellen. Dazu zählen Greifvögel, der Weißstorch, aber auch Katzen, Mauswiesel, Fuchs, Kreuzotter und Spitzmäuse.

Feldmäuse sind die häufigste heimische Säugetierart. Sie können sich geradezu explosionsartig vermehren. Ein Weibchen bringt in einem Jahr bis zu 100 Junge zur Welt.

Fasan (Phasianus colchicus)

Aussehen: Fasanenmännchen, die Hähne, haben ein kupferfarbenes Gefieder mit schwarzen Tupfen. Auffällig sind der metallisch glänzende Hals und der leuchtend rote Hautlappen, der das Auge umgibt. Auch der lange spitze Schwanz ist typisch für sie. Die Hennen sind dagegen unscheinbar. Ihr Gefieder ist graubraun bis gelbbraun mit schwarzen Tupfen.
Lebensraum: Fasane leben auf Feldern, aber auch in lichten Wäldern und an Waldrändern. Wichtig ist, dass es genügend Versteckmöglichkeiten gibt.
Lebensweise: Die schönen Vögel leben in kleinen Gruppen. Während der Balzzeit kämpfen die Hähne erbittert um die Hennen und versuchen mit aufgeplustertem Gefieder, die Hennen auf sich aufmerksam zu machen. Die Eier brüten die Hennen in einer gut versteckten, selbst gescharrten Bodenmulde aus. Sobald die Fasanenküken geschlüpft sind, gehen sie, von der Mutter beschützt, auf die Jagd nach Insekten.

Der Fasan ist eigentlich kein heimischer Vogel. Er stammt aus Asien und wurde vor etwa 2000 Jahren von den Römern nach Deutschland gebracht.

Rebhuhn (Perdix perdix)

Aussehen: Rebhühner sind kleine Hühnervögel mit kurzen, runden Flügeln. Die Männchen haben einen dunkelbraunen, hufeisenförmigen Fleck auf der Brust. Kopf und Kehle sind rostrot. Die Weibchen sind heller als die Männchen.
Lebensraum: Rebhühner leben auf Feldern und Wiesen mit Hecken und Sträuchern.
Lebensweise: Die kleinen Hühner halten sich überwiegend am Boden auf. Sie ernähren sich von Gräsern, Klee und Samen. Aber auch Insekten und deren Larven fressen sie. Die Küken picken bevorzugt Ameisenpuppen auf. Rebhühner brüten am Boden in einer selbst gescharrten Mulde, die gut versteckt im dichten Bewuchs unter Hecken und Feldgehölzen liegt. Die Jungen verlassen nach dem Schlüpfen sofort das Nest. Flügge sind sie nach etwa zwei Wochen.

Bei Gefahr ducken sich Rebhühner zunächst und fliegen davon, wenn man ihnen zu nahe kommt. Weil sie dabei zu mehreren hintereinander fliegen, spricht man von einer Kette. Ausdauer haben sie jedoch keine: Schon nach wenigen Hundert Metern setzen sie wieder zur Landung an.

Kiebitz (Vanellus vanellus)

Aussehen: Kiebitze sind etwa taubengroße Vögel. Ihre Unterseite ist weiß, die Brust ist schwarz gefärbt. Am Hinterkopf sitzt ein langer Federschopf. Die Oberseite der Flügel leuchtet metallisch grün.
Lebensraum: Kiebitze sind typische Wiesenvögel. Sie leben in ganz Deutschland auf Äckern, Weiden, feuchten Wiesen und Überschwemmungsflächen.
Lebensweise: Die auffälligen Schopfträger fressen Insekten, Samen und Früchte. Auch Regenwürmer stehen auf dem Speiseplan. Um diese aufzuspüren, trampeln Kiebitze auf dem Boden herum. Tastsinnesorgane an den Füßen orten so die Würmer, die die Vögel dann herauspicken.
Im Frühjahr vollführen die Männchen tollkühne Flugkunststücke. Sie fliegen dabei zunächst flach am Boden, steigen dann senkrecht auf und gehen in einen rasanten Sturzflug mit mehreren Loopings über. Erst kurz vor dem Boden fangen sie sich wieder ab. Dies machen sie, um ihr Revier zu markieren und um die Weibchen zu beeindrucken.

Kiebitze gehören zu den gefährdeten Tierarten. Das liegt unter anderem daran, dass ihre Eier früher als Delikatesse galten und die Menschen deshalb ihre Nester plünderten.

Feldlerche (Alauda arvensis)

Aussehen: Feldlerchen haben einen braunen Rücken mit schwärzlichen Streifen. Auf dem Kopf sitzt eine kurze, stumpfe Federhaube. Die Unterseite ist bräunlich weiß.
Lebensraum: Feldlerchen leben in offenen Landschaften wie Feldern, Weiden und Mooren. Auch in den Sanddünen an der Küste könnt ihr sie finden.
Lebensweise: Die kleinen braunen Singvögel sind Bodenbrüter. Die Jungen werden von beiden Elternteilen gemeinsam gefüttert, bis sie flügge sind. Lerchen ernähren sich von Insekten, Würmern und Samen. In besonders kalten und schneereichen Wintern ziehen sie zur Überwinterung Richtung Süden.

Lerchen singen im Flug! Besonders im Frühjahr schrauben sich die Männchen singend bis in 100 m Höhe, kreisen dort einige Minuten und lassen sich wieder zu Boden sinken. Kurz über dem Boden gehen sie in einen Sturzflug über und landen wieder am Ausgangspunkt. Das wiederholen sie einige Mal. Bis heute wissen Biologen nicht, wie die Lerche es schafft, bei einem solch anstrengenden Flug aus voller Brust zu singen!

Mäusebussard (Buteo buteo)

Aussehen: Der Mäusebussard ist mehr als 50 cm lang und hat eine Flügelspannweite von etwa 130 cm. Der Schwanz ist am Ende abgerundet. Am besten erkennt man den Bussard im Flug: Seine Unterseite ist hell und die Flügel sind an den Spitzen dunkel gefärbt. Die Stimme des Mäusebussards hört sich an wie das lang gezogene Miauen einer Katze.
Lebensraum: Der Mäusebussard ist in ganz Europa verbreitet. Er bewohnt Waldgebiete mit angrenzenden Äckern und Wiesen.
Lebensweise: Beim Fliegen kreist der Mäusebussard oft stundenlang am Himmel. Er fliegt ruhig und langsam. Seine Nahrung besteht vor allem aus Mäusen, er frisst aber auch Maulwürfe, Ratten, junge Fasane, Hasen, Frösche, Schlangen und sogar Insekten. In harten Wintern oder bei Kälteeinbrüchen flüchtet er manchmal in Richtung Süden in wärmere Gebiete.

Wenn die Nahrung knapp ist, fressen Bussarde auch Aas. Dann sitzen sie oft auf Zaunpfählen und Pfosten entlang von Straßen und Autobahnen, weil dort andere Tiere oft mit Autos zusammenprallen und so getötet werden. Dann fressen die Vögel von diesen verendeten Tieren.

Goldammer (Emberiza citrinella)

Aussehen: Goldammern sind etwa so groß wie ein Spatz. Zur Balzzeit sind Goldammermännchen auf der Unterseite und am Kopf gelb gefärbt, im Kehlbereich haben sie braune Streifen. Die Weibchen sind etwas schwächer gefärbt.
Lebensraum: Goldammern seht ihr auf Wiesen, Feldern und am Rand von Laubwäldern. Wichtig für sie sind Hecken und Baumgruppen.
Lebensweise: Wenn die Männchen singen, sitzen sie meist an einer hohen Stelle. Ihren Gesang könnt ihr von Februar bis in den Herbst hinein hören. An heißen Sommertagen sind sie oft die einzigen Vögel, die unverdrossen singen. Goldammern ernähren sich von Insekten und Grassamen, die sie am Boden sammeln. Ihr Nest bauen sie in Hecken oder im niedrigen Gebüsch, manchmal auch am Boden. Sie brüten zwei- bis dreimal im Jahr.

Den typischen Gesang der Goldammer findet ihr als Melodie in den Musikstücken mancher Komponisten, wie beispielsweise Ludwig van Beethoven und Richard Wagner. Es ist ein typisch melodischer Ruf »dididi-dieh«.

Weißstorch – ein hochbeiniger Glücksbringer

(Ciconia ciconia)

Der große schwarz-weiße Stelzvogel mit dem langen roten Schnabel und den roten Beinen ist wohl einer der bekanntesten Vögel unserer Heimat. Nicht nur, weil er unverwechselbar ist, sondern auch, weil er gerne die Nähe der Menschen aufsucht. Er baut sein **Nest** auf Häusern und Kirchtürmen und folgt dem Bauern auf das Feld. Früher wurden Störche sogar als heilige Tiere und auch als Glücksboten verehrt. Man glaubte, dass ein Storch auf dem Dach eines Hauses den Bewohnern Glück brachte und eine Hochzeit oder ein Baby ankündigte.

Störche leben in Gegenden mit Sümpfen und Feuchtwiesen. Hier staksen sie umher und suchen nach Fröschen, Molchen und kleinen Säugetieren. Sie fressen aber auch Schlangen und Fische. Weil feuchte Wiesen und Sümpfe immer seltener werden, ist auch der Weißstorch nicht mehr so häufig zu sehen wie früher. Viele verheddern sich aber auch in Stromleitungen, und in manchen Ländern jagt man sie.

Sicher kennt ihr die großen, etwas unordentlich aussehenden Nester der Störche. Diese werden von den Männchen und Weibchen gemeinsam gebaut. Nachdem die Jungen geschlüpft sind, sind die Männchen unermüdlich unterwegs, um Nahrung herbeizuschaffen. Eine vierköpfige Storchenfamilie vertilgt in einem Sommer über 10 000 Mäuse. Wenn der Storchenvater zum Nest zurückkommt, begrüßen sich Männchen und Weibchen mit lautem Geklapper der Schnäbel. Deswegen nennt man den Storch auch **Klapperstorch.**

Sie klappern auch, um sich gegenseitig vor Feinden zu warnen oder wenn ein Männchen um ein Weibchen wirbt. Sie verständigen sich mit dieser Klappersprache, weil ihre Stimme sehr schwach ist, sie also fast stumm sind.

Störche sind **Zugvögel,** die jedes Jahr von Europa aus Strecken von bis zu 10 000 km bis zu ihren Winterquartieren zurücklegen. Weißstörche überwintern in Afrika, südlich der Wüste Sahara. Es gibt sogenannte **Oststörche,** die über die Türkei und Ägypten nach Ostafrika ziehen, und **Weststörche,** die über Westeuropa und Spanien nach Westafrika fliegen. Störche sind Segelflieger und lassen sich von warmen Aufwinden in große Höhen tragen. Durch diese Flugtechnik sparen sie auf den langen Flügen viel Kraft. Störche haben nämlich eine erstaunlich schwache Brustmuskulatur, die für die langen Flugstrecken eigentlich nicht kräftig genug ist.

Steinhummel – wichtig für unser Obst und Gemüse

(Bombus lapidarius)

In Europa gibt es 53 verschiedene Hummelarten. Eine von ihnen ist die Steinhummel. Ihr Körper ist völlig schwarz behaart, nur am Hinterende ist sie leuchtend orangerot gefärbt. Die Arbeiterinnen sind 12–16 mm lang, die **Hummelkönigin** erreicht eine Länge von 20–22 mm.

Hummeln gehören zu den Bienen und haben wie diese einen **Giftstachel.** Sie sind aber größer und kräftiger. Ihr Körper ist von einem richtigen Pelz bedeckt, der sie vor Kälte schützt. Im Frühjahr gehören Hummeln nämlich zu den ersten Insekten, die laut brummend unterwegs sind, um Nektar und Pollen zu sammeln. Die fleißigen Insekten bestäuben über 250 verschiedene Pflanzenarten, darunter viele Obst- und Gemüsesorten. Am liebsten sammeln sie aber den Nektar von Wiesenklee und Taubnesseln.

Hummeln sind Staaten bildende Insekten. Ein **Steinhummelvolk** kann aus bis zu 300 Tieren bestehen. Die meisten von ihnen sind – wie bei den Bienen – Arbeiterinnen. Die Arbeiterinnen und die männlichen Hummeln, auch Drohnen genannt, leben nur wenige Wochen. Am Jahresende geht das gesamte Volk zugrunde. Auch die Altkönigin stirbt, nachdem sie etwa zwölf Monate gelebt hat. Nur die neue Königin überlebt den Winter. Sie schläft die kalte Jahreszeit über gut geschützt in der Erde und wird im Frühjahr von den ersten wärmenden Sonnenstrahlen geweckt. Danach muss sie sich erst einmal mit frischem Nektar versorgen. Sie braucht nämlich viel Kraft, um ein neues Nest zu bauen. Darin baut sie kleine Tonnen aus Wachs, die sie mit Blütenpollen füllt. Nun ist alles vorbereitet. Die Königin legt bis zu 15 Eier in jedes Tönnchen und verschließt es dann mit Wachs. Nach etwa zwei Wochen schlüpfen die ersten **Arbeiterinnen.** Sie beginnen schon nach wenigen Tagen damit, Nektar und Pollen zu sammeln. Im Hochsommer werden **Drohnen** geboren und auch **junge Königinnen,** die im nächsten Jahr neue Staaten gründen. Im Herbst stirbt das Volk langsam aus, weil die Altkönigin nun keine Eier mehr legt.

Hummeln können übrigens den Zucker, der im Nektar von Lindenblüten enthalten ist, nicht verdauen und vergiften sich geradezu damit. Aus diesem Grund findet ihr unter blühenden Lindenbäumen oft große Mengen toter Hummeln.

Tagpfauenauge (Inachis io)

Aussehen: Das Tagpfauenauge hat vier große auffällige Flecken auf den Flügeln, die an Augen erinnern. Die Flügel selbst sind rötlich und auf der Unterseite schwarz-braun.
Lebensraum: Die schönen Falter leben überall, wo Brennnesseln wachsen.
Lebensweise: Tagpfauenaugen legen ihre Eier an der Unterseite von Brennnesselblättern ab. Hier schlüpfen die Raupen, die sich ausschließlich von dieser Pflanze ernähren. Die Raupen sind schwarz, haben viele kleine weiße Punkte und schwarze Dornen, die sie davor schützen, gefressen zu werden. Die Puppen sind graugrün und mit zwei Reihen silbrig glänzender Dornen besetzt. Die Schmetterlinge überwintern an geschützten Stellen, aber auch in Kellern und auf Dachböden. In geheizten Räumen gehen sie schnell zugrunde.

Bei Gefahr klappen die Schmetterlinge ihre Flügel auf und zeigen die großen, farbigen augenähnlichen Flecken. Ihre Fressfeinde denken dann, dass sie ein großes Tier vor sich haben, und ziehen sich zurück.

Tatzenkäfer
(Timarcha tenebricosa)

Aussehen: Der Tatzen- oder Riesenblattkäfer ist der größte bei uns lebende Blattkäfer. Er wird fast 2 cm lang. Sein Körper ist schwarz und aufgewölbt wie eine Kugel. Die Fühler sind lang und fadenförmig. Seinen Namen hat er wegen der »tatzenförmig« verbreiterten Füße.
Lebensraum: Die dunklen Käfer leben an Waldrändern und auf Wiesen. Am häufigsten findet ihr sie im Mittelgebirge.
Lebensweise: Tatzenkäfer ernähren sich von Pflanzen, besonders gerne fressen sie aber Labkraut. An diesem legt das Weibchen im Sommer seine Eier ab. Die Larven schlüpfen aber erst im nächsten Frühjahr.

Wenn der Tatzenkäfer sich bedroht fühlt, sondert er eine blutrote Flüssigkeit ab. In England nennt man ihn deswegen auch »Bloody nose beetle«, das heißt übersetzt »Nasenblutkäfer«.

Löwenzahn (Taraxacum officinale)

Merkmale: Die Blätter des Löwenzahns sind lang, an den Rändern sehen sie wie grob gesägt aus. Auf dem röhrenförmigen Stängel sitzt eine gelbe Blüte. Innerhalb weniger Tage entwickelt sie sich zu der bekannten Pusteblume. Das ist ein Büschel von Samen, die bei der leichtesten Berührung an winzigen Fallschirmen davonschweben und vom Wind verbreitet werden.
Vorkommen: Da der Löwenzahn sehr anpassungsfähig ist, findet ihr ihn an vielen verschiedenen Standorten. Er wächst auf Wiesen, Mauern und Wegen – und sogar in Ritzen zwischen Steinen. Auf Weiden und Wiesen bildet er im Frühjahr oft kräftig gelbe Blütenteppiche. Löwenzahn ist eine wichtige Nektarquelle für Bienen und andere Insekten.
Wissenswertes: Aus den hohlen Stängeln des Löwenzahns tritt eine Milch aus, die manchmal schwarze Flecken auf der Haut hinterlässt. Sie ist aber nicht giftig. Die Blätter des Löwenzahns kann man sogar unter Salat mischen oder als Gemüse zubereiten.

Löwenzahn wird auch Butterblume genannt. Der Grund dafür ist, dass man mit seinen Blüten früher die Butter gelb gefärbt hat.

Schafgarbe (Achillea millefolium)

Merkmale: Aus dem kriechenden Wurzelstock der Schafgarbe, die 30 – 80 cm groß wird, wächst zuerst eine niedrige Rosette und später ein kräftiger Stängel mit schmalen Blättern, die wiederum aus bis zu 50 kleinen fein gefiederten Blättchen bestehen. Zwischen Mai und Oktober blüht die Pflanze. Die breit gefächerte flache Blüte besteht aus vielen kleinen Einzelblüten, die sich zu einem weißen oder rosafarbenen Blütenstand zusammensetzen. Die kurzen Blütenröhren können von vielen Insekten bestäubt werden.
Vorkommen: Schafgarben sind typische Wiesenkräuter. Ihr findet sie auf trockenen Wiesen, Weiden und entlang von Wegrändern.
Wissenswertes: Dort, wo Schafe weiden, seht ihr oft Garben – also Bündel – aus Halmen. Das kommt daher, dass die Schafe nur die Blätter der Schafgarbe fressen und die Stängel mit den Blüten stehen lassen. So kam es zu dem Namen der Pflanze. Die Schafgarbe ist eine uralte Heilpflanze. Sie wird zum Beispiel als Hustentee verwendet. Die Blätter könnt ihr aber auch klein geschnitten in den Salat und aufs Butterbrot streuen. Sie schmecken ganz fein und aromatisch.

Wiesenrispengras (Poa pratensis)

Merkmale: Das Wiesenrispengras wird 20 – 80 cm hoch. Die Blätter sind schmal und an den Spitzen zu einer kleinen Kapuze zusammengezogen. Die Blüten stehen in verzweigten bläulich grünen Rispen. Wiesenrispengras blüht von Mai bis Juli. Es ist eines der häufigsten Süßgräser und wird auch gerne als Rasen gesät.
Vorkommen: Wiesenrispengras wächst auf nährstoffreichen Wiesen und Weiden. Es ist ein gutes Futtergras. Deswegen wird es auch häufig auf Weiden ausgesät.
Wissenswertes: Wiesenrispengras gehört zu den Wildgräsern. Sie sind robust und haben ein kräftiges Wurzelwerk, das immer wieder austreibt, auch wenn sie abgefressen oder gemäht werden. Der mehlige Samen der Gräser ist wichtig für unsere Ernährung. Schließlich stammen alle unsere Getreidesorten wie Weizen und Roggen von Wildgräsern ab.

Ackerschachtelhalm (Equisetum arvense)

Merkmale: Schachtelhalmgewächse haben eine ganz typische Wuchsform: Ihre Ähren sehen ein bisschen aus wie Bürsten, die man zum Reinigen von Flaschen verwendet. Schachtelhalme blühen nicht, sie vermehren sich wie Farne über Sporen. Im Frühjahr bildet die Pflanze dazu rötliche Triebe, an denen die Sporen reifen.
Vorkommen: Ackerschachtelhalm findet ihr auf tonigen und lehmigen Äckern, feuchten Wiesen, an Böschungen und auf Bahndämmen. Die Pflanze ist bei Gärtnern ziemlich unbeliebt, da sie sich ständig überall verbreitet. Sie bildet nämlich zähe Wurzeln, die tief in die Erde reichen und immer wieder austreiben. Sogar auf lehmigen Böden, wo sonst nicht mehr viele Pflanzen gedeihen, wächst der Ackerschachtelhalm.
Wissenswertes: Der Ackerschachtelhalm heißt auch Zinnkraut, weil man ihn früher zum Scheuern von Zinngeschirr verwendet hat. Das geht sehr gut, weil Ackerschachtelhalm viel kratzige Kieselsäure enthält.

Schachtelhalmgewächse haben sich seit ihrem ersten Auftreten vor etwa 375 Millionen Jahren fast nicht verändert. Sie sahen schon ganz genauso aus, als die Dinosaurier auf der Erde lebten.

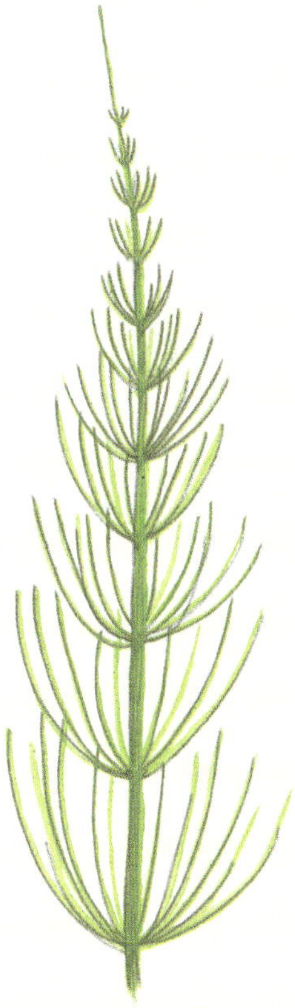

Echte Schlüsselblume (Primula veris)

Merkmale: Schon im April zeigen die Schlüsselblumen ihre schönen dottergelben Blüten, die in Büscheln an einem Blütenstängel sitzen. Die Blüten duften angenehm und haben innen orangefarbene Flecken. Daran könnt ihr die Echte Schlüsselblume von der sehr ähnlichen Hohen Schlüsselblume unterscheiden.
Vorkommen: Echte Schlüsselblumen wachsen gerne im Schutz von Hecken oder an lichten Waldrändern. Sie gedeihen auch auf trockenen Böden und kommen oft gemeinsam mit Orchideen vor.
Wissenswertes: Wenn die Schlüsselblumen blühen, könnt ihr sicher sein, dass der Winter endgültig vorbei ist. Da die Blüten sehr lange Röhren haben, können Schlüsselblumen nur von Insekten wie Hummeln oder Faltern bestäubt werden, denn diese haben einen Rüssel, der lang genug ist, um an den Nektar am Blütenboden heranzukommen.

Schlüsselblumen sind streng geschützt. Auch die Blüten dürft ihr nicht pflücken.

Klatschmohn (Papaver rhoeas)

Merkmale: Klatschmohn erkennt ihr ganz schnell an seinen leuchtend roten Blüten. Die Blütenblätter selber sind ganz dünn und wirken fast wie knittriges Papier. Die Stängel sind behaart und die Blätter sehen aus wie kleine Farnwedel. Typisch sind die Samenkapseln des Klatschmohns. In ihnen sind Tausende der winzig kleinen schwarzen Samenkörner enthalten. Ihr kennt sie sicher vom Mohnbrötchen oder Mohnkuchen.
Vorkommen: Klatschmohn wächst auf nährstoffreichen Böden. Häufig seht ihr ihn in Getreidefeldern, aber er wächst auch entlang von Feldrändern und auf Böschungen. Hauptsache, er bekommt viel Sonne.
Wissenswertes: Aus dem Stängel des Klatschmohns tritt ein milchig weißer Saft aus, der leicht giftig ist. Er enthält aber kein Morphin oder Opium wie der mit ihm verwandte Schlafmohn, der in Asien wächst. Morphin ist ein Rauschmittel und wird medizinisch zur Linderung von sehr starken Schmerzen verwendet.

Märzenbecher (Leucojum vernum)

Merkmale: Der Märzenbecher blüht schon sehr früh im Jahr ab Februar. Auf den ersten Blick könnte man ihn für ein Schneeglöckchen halten, aber beim Märzenbecher sind die Blütenblätter alle gleich lang und haben an der Spitze einen gelbgrünen Fleck. Der Märzenbecher wird bis zu 30 cm hoch.

Vorkommen: Märzenbecher brauchen feuchte Böden sowie Schatten und Halbschatten, um gedeihen zu können. Häufig seht ihr sie in Auen- und Laubwäldern, aber auch entlang von Bach- und Teichufern und feuchten Wiesen.

Wissenswertes: In der Natur ist der Märzenbecher geschützt. Er wird aber in Gärtnereien gezüchtet und ist eine beliebte Gartenpflanze. Wenn man ihn in Ruhe lässt, verwildert er und bildet mit der Zeit wunderschöne Märzenbecherwiesen.

Aber Vorsicht: Märzenbecher sind giftig.

Da Märzenbecher nach dem Winter zu den ersten blühenden Pflanzen gehören, sind sie eine wertvolle Nahrungsquelle für Insekten. Diese werden von dem veilchenartigen Duft angelockt.

Kornblume (Centaurea cyanus)

Merkmale: Die Blätter der Kornblume sind lang und schmal und eigentlich sehr unscheinbar. Umso schöner sind aber die leuchtend blauen Blüten. Allerdings ist das, was man sehen kann, gar nicht die wirkliche Blüte. Die großen gelappten »Blütenblätter« sind in Wirklichkeit nur Attrappen. Sinn dieser falschen Blütenblätter ist es, Insekten anzulocken und zu den innen sitzenden, kleinen Röhrenblüten zu leiten.

Vorkommen: Kornblumen wachsen an trockenen Plätzen und gerne am Rand von Kornfeldern. Allerdings mögen sie keine Böden, die zu stark gedüngt wurden.

Wissenswertes: Kornblumen sind einjährige Pflanzen. Das heißt, dass sie in einem Jahr wachsen, blühen und dann Samen bilden. Die Kornblume überwintert als Samen, der im Frühjahr wieder austreibt. Die Pflanze selbst stirbt im Herbst ab. Die Kornblume galt als Ackerunkraut und wurde so erfolgreich bekämpft, dass sie fast ausgestorben ist. Heute seht ihr sie öfter in Gärten als auf Äckern und Wiesen. Dort steht sie unter Naturschutz.

Wiesenchampignon (Agaricus campestris)

Merkmale: Wiesenchampignons haben einen weißen, gewölbten Hut. Die Lamellen sind bei jungen Pilzen rosa, später braun und schwarz. Daran könnt ihr sie von dem giftigen Knollenblätterpilz unterscheiden, der weiße Lamellen hat. Aber grundsätzlich gilt beim Pilzesammeln immer: Wenn ihr euch nicht sicher seid, dann lasst die Pilze stehen oder fragt einen ausgefuchsten Pilzkenner.
Vorkommen: Wie der Name sagt, ist der Wiesenchampignon auf Wiesen und Viehweiden anzutreffen. Hier wachsen die weißen Pilze von Juni bis Oktober in Gruppen, besonders nach einem starken Regen. Sie wachsen dann sogar über Nacht nach.
Wissenswertes: Das, was wir als Pilz bezeichnen, ist eigentlich nur der Fruchtkörper. Der eigentliche Pilz, das sogenannte Myzel, ist ein verzweigtes unterirdisches, feines, fadenförmiges Gebilde – und keine echte Pflanze. Es kann riesig groß werden. Alles, was Pilze zum Wachsen brauchen, sind Feuchtigkeit und eine organische Substanz, auf der sie wachsen und von der sie sich ernähren. Denn Pilze können nicht wie echte Pflanzen mithilfe der Fotosynthese aus Sonnenlicht und Kohlendioxid aus der Luft selbst Zucker herstellen.

Wiesen-Sauerampfer (Rumex acetosa)

Merkmale: Der Wiesen-Sauerampfer wird fast 1 m hoch, das unterscheidet ihn deutlich vom Kleinen Sauerampfer, der gerade einmal eine Höhe von 15 cm erreicht. Die Blüten des Wiesen-Sauerampfers bilden einen lockeren Blütenstand, sie sind rötlich und blühen von Mai bis Juni.
Vorkommen: Der Wiesen-Sauerampfer wächst vor allem auf nährstoffreichen Böden und auf Grünland, also landwirtschaftlich genutzten Flächen, auf denen Gras angebaut wird.
Wissenswertes: Sauerampfer ist ein beliebtes Wildgemüse, aus dem man leckere Suppen zubereiten kann. Da er viel Vitamin C enthält, ist er sehr gesund. Allerdings solltet ihr nicht zu viel von ihm essen, weil er viel Oxalsäure enthält, die bei Nierenkrankheiten schaden kann. Diese Säure ist auch für den sauren Geschmack des Sauerampfers verantwortlich.

Die Samen vom Sauerampfer sind extrem zäh und können auch nach vielen Jahren noch auskeimen. Dadurch vermehrt er sich manchmal massenhaft. Auch die weit über 1 m tiefen Wurzeln treiben immer wieder aus.

Wiesenklee (Trifolium pratense)

Merkmale: Der Wiesenklee oder Rotklee ist nur eine von insgesamt 243 verschiedenen Kleearten. Er kann bis zu 60 cm hoch werden. An den langen, kahlen Stängeln sitzen die dreigeteilten Blätter. Die Blüten des Wiesenklees sind kugelig und rot und haben fast 1 cm lange einzelne Blütenröhren, die man Kronröhren nennt. Nur Insekten mit einem sehr langen Rüssel – wie etwa Hummeln – können hier Nektar saugen. Klee wurzelt bis zu 2 m tief.
Vorkommen: Wiesenklee wächst überall auf Wiesen und Weiden und ist eine wichtige Futterpflanze. In den Alpen kommt er sogar noch in 2500 m Höhe vor.
Wissenswertes: An den Wurzeln vom Klee findet ihr kleine knötchenartige Anschwellungen. Darin leben bestimmte Bakterien, die Knöllchenbakterien. Sie sind in der Lage, Stickstoff aus der Luft aufzunehmen und in einer Form zu speichern, dass er für die Pflanze als Nahrung verfügbar wird. Das ist für die Landwirtschaft und auch für Gärten wichtig, da überall dort, wo Klee wächst, die Fruchtbarkeit des Bodens verbessert wird. Aus diesem Grund wurde Klee schon immer gezielt angebaut.

Hahnenfußgewächse sind giftig. Sie enthalten einen giftigen Saft, der sie davor schützt, gefressen zu werden. Auf empfindlicher Haut kann er heftige Reizungen verursachen.

Acker Hahnenfuß (Ranunculus arvensis)

Merkmale: Die Blätter des Acker-Hahnenfußes sind dreiteilig gelappt und an den Rändern gezähnt. Auffällig sind die gelben Blüten, an denen ihr alle Pflanzen aus der großen Hahnenfußgattung leicht erkennt. Nur die Blüten der im Wasser lebenden Arten sind weiß.
Vorkommen: Der Acker-Hahnenfuß wächst auf Getreidefeldern und brachliegendem Land. Andere Hahnenfußarten gedeihen auf feuchtem Grünland und sogar in Sumpfland.
Wissenswertes: Auffallend ist der goldene Glanz der Blüten. Der Grund hierfür sind Stärkekörnchen, die direkt unter der Oberfläche der Blütenblätter eingelagert sind und das Licht widerspiegeln.
Obwohl der Hahnenfuß eine verbreitete Pflanze ist, gibt es von Jahr zu Jahr weniger goldgelbe Blütenteppiche zu bewundern. Gründe hierfür sind der Einsatz von Unkrautvernichtungsmitteln in der Landwirtschaft und die Trockenlegung von feuchten Wiesen.

Gibt es in Deutschland auf Wiesen wirklich Hamster?

Wilde Hamster in Deutschland? Gibt es sie wirklich? Nicht ausgebüxte Goldhamster sind gemeint, sondern ihr naher Verwandter, der Feldhamster. In der Tat gibt es ihn noch! Bis vor 30 Jahren konnte man ihn sogar in ganz Europa oft auf Feldern und Wiesen sehen, heute gibt es jedoch nur noch wenige frei lebende Feldhamster. Denn bis vor ein paar Jahren dachten viele Bauern, dass das Nagetier große Teile ihrer Ernte fressen würde, und verfolgten es deswegen. Mittlerweile machen auch Mähdrescher dem Hamster das Überleben schwer, da nach der Ernte kaum noch Getreidehalme auf dem Feld stehen bleiben. Die Felder sind so ordentlich abgeerntet, dass Hamster nur noch schwer Nahrung finden. Heute steht der Feldhamster auf der »Roten Liste der gefährdeten Tiere Deutschlands« und ist stark bedroht.

Die meisten Menschen haben noch nie einen **Feldhamster** in freier Natur gesehen. Er wird viel größer als ein Goldhamster, nämlich bis zu 30 cm. Das ist ungefähr so groß wie ein kleines Meerschweinchen. Sein Fell ist am Rücken gelb-braun auf schwarzem Untergrund, die Schnauzenoberseite, das Fell um die Augen und ein dünnes Band am Hals sind rotbraun. Außerdem hat er mehrere weiße Flecken: auf der Wange, hinterm Ohr und an den Vorderbeinen. Für ein Säugetier ist er richtig bunt.

Der Feldhamster ist ein Einzelgänger und lebt in einem **Bau** unter der Erde. Hier gibt es eine Wohnhöhle, ein Klo und eine Vorratskammer. Der Bau hat zwei bis drei flach abfallende Ein- und Ausgänge und einige senkrechte Eingangsröhren, die **Fallrohre** genannt werden. In diese Fallrohre stürzt sich der Feldhamster auf der Flucht vor Feinden einfach hinein. Der Noteinstieg bringt ihn viel schneller in Sicherheit als ein Sprint auf seinen kurzen Beinen durch einen der anderen Eingänge.

Ist er zu weit von einem Fallrohr entfernt, versucht er seine Feinde mit Drohgebärden zu verjagen. Dabei ist es ihm egal, ob er einen Fuchs, einen Greifvogel oder einen Mähdrescher vor sich hat. Um größer zu wirken, stellt er sich auf seine Hinterbeine, fletscht seine langen Nagezähne und zischt und knurrt ganz laut. Außerdem bläst er seine riesigen **Backentaschen** auf, die dann fast bis unter die Rippen reichen. Wenn dies alles nicht hilft, wirft sich das Tier auf den Rücken und zeigt seinen schwarzen Bauch und die weißen Füße. Der schwarze Bauch ähnelt nämlich dem Maul eines Raubtieres, seine weißen Pfoten sehen darin aus wie gefährliche Reißzähne.

→ **Normalerweise nutzt der Hamster seine Backentaschen dazu, Nahrungsvorräte zu sammeln, die er für den Winterschlaf in seinen Bau bringt.** Er frisst verschiedene Samen, Körner, Klee, Möhren und Kräuter, aber auch Regenwürmer und Insekten. In seine großen Backentaschen passen ungefähr 20 g. Das ist ungefähr so viel wie zwei gehäufte Esslöffel Getreidekörner. Für ein kleines Tier eine erstaunlich große Menge! Nach und nach bringt er 3 kg Futter in sein Winterquartier. Während seines Winterschlafs wacht er nämlich immer wieder auf und frisst von diesen Vorräten.

Kurz nach dem **Winterschlaf** paaren sich die Feldhamster. Das Männchen besucht dabei mehrere Weibchen in ihren Bauten und paart sich mit allen. 20 Tage später bekommen die Weibchen bis zu zwölf Junge, die zuerst alle nackt, blind und hilflos im Nest liegen. Ein Hamsterjunges wiegt ungefähr 7 g und ist damit so schwer wie ein Butterkeks. Die Mutter hat jetzt viel zu tun, sie säugt ihre Jungen oft und bringt ihnen frisches Grünfutter ins Nest. Nach 12 Tagen wiegen die kleinen Hamster schon sechsmal so viel wie bei der Geburt und haben ein dichtes Fell bekommen. Kurz darauf öffnen sie ihre Augen und verlassen nach einem Monat das Nest der Mutter, um sich eine geeignete Stelle für einen eigenen Bau zu suchen.

Übrigens: Wenn ihr einen Hamster sehen wollt, fragt einen Bauern, ob er auf seinem Acker einen Bau entdeckt hat. Hier könnt ihr euch dann auf die Lauer legen. Außerdem könntet ihr den Bauern bitten, in der Nähe des Hamsterbaus ein kleines Stück Getreide stehen zu lassen, damit der Hamster genügend Körner findet.

Warum brennt die Brennnessel?

Lauft ihr gerne über blumenreiche Sommerwiesen oder durch das hohe Gras an Wegrändern? Das macht richtig Spaß und es gibt viel zu sehen und zu entdecken. Doch auf einmal – autsch, da hat sie euch erwischt. Die Brennnessel! Manchmal seht ihr sie rechtzeitig und könnt ausweichen, aber wenn sie zwischen anderen Pflanzen steht, seht ihr sie nicht, sondern spürt sie nur ganz plötzlich. Während ihr euch kratzt oder die unangenehm brennende Stelle mit Spucke einreibt, habt ihr euch vielleicht schon mal gefragt, warum die Brennnessel so fies brennen kann – oder?

Brennnesseln gibt es fast überall auf der Welt. Manche werden nur 10 cm hoch, aber wenn der Boden besonders viele Nährstoffe hat, können sie auch 1,50 m hoch werden. Brennnesseln wachsen auf Wiesen, an Wegen und Waldrändern, aber auch auf Schuttplätzen. Wo die Brennnesseln einmal Fuß gefasst haben und wachsen, da sind sie auch nicht mehr so leicht zu verdrängen. Dabei hilft ihnen ein guter Trick, mit dem sie sich gegen viele Fressfeinde schützen: **kleine dünne Brennhaare, die auf der gesamten Pflanze, an den Blättern wie auch den Stängeln, wachsen.**

Wenn ihr wissen wollt, wie die **Brennhaare** aufgebaut sind, müsst ihr sie euch unter einer Lupe oder einem Mikroskop anschauen. Dann könnt ihr erkennen, dass die Brennhaare am unteren Ende einen dicken Fuß haben. Dieser Fuß, der wie ein Säckchen aussieht, ist mit einem Zellsaft gefüllt, der es in sich hat! Dieser Saft ist eine Mischung aus verschiedenen Stoffen und enthält unter anderem auch **Ameisensäure,** die das Brennen auslöst.

Aber wie kommt die Säure in unsere Haut? Oben an der Spitze des Brennhaars sitzt ein kleines, schräges Köpfchen. Wenn ein Tier oder Mensch in die Nähe der Brennnessel kommt und sie berührt, bricht das Köpfchen ab und die Spitze des Haars dringt in die Haut ein. Dabei wird der säurehaltige Zellsaft in die Haut gedrückt und reizt die Haut an der Einstichstelle. Ihr könnt euch das wie bei einer dünnen Spritze vorstellen, bei der die Flüssigkeit durch eine dünne Nadel in die Haut gedrückt wird. Kurz darauf brennt und juckt die Haut. **Wenn ihr allerdings von unten nach oben über die Blätter einer Brennnessel streicht, passiert nichts, weil die schräg gestellten Köpfchen der Brennhaare bei dieser Bewegung nicht abbrechen.**

Brennnesseln schützen sich mit ihren Brennhaaren gegen Kühe, Schafe oder Rehe, so wie andere Pflanzen sich mit Stacheln oder Dornen schützen. Es gibt aber auch Tiere, denen die Brennnesseln nichts anhaben. Viele Insektenlarven verstecken sich unter Brennnesselblättern oder fressen sie sogar. Mehr als 50 verschiedene Schmetterlingsarten fressen die Blätter und machen sich gar nichts aus den Brennhaaren. Die Raupen des Admirals und des Kleinen Fuchses fressen sogar ausschließlich Brennnesselblätter, das heißt, wenn sie keine Brennnesseln finden, verhungern sie. Deswegen legen die Weibchen dieser Schmetterlingsarten ihre Eier besonders gerne auf frischen Brennnesseln ab.

Übrigens: Viele Menschen nutzen Brennnesseln auch als Heilkräuter oder bereiten aus den Blättern Tee, Salat oder Suppe zu. Man kann aus ihnen sogar einen leckeren Brennnesselkäse herstellen. Früher wurden aus den Fasern der Brennnesselstiele auch Seile und Stoff gemacht.

Wie viele Blattläuse kann ein Marienkäfer fressen?

Glückskäferle, Mariechenkäfer, Himmelmiezel, Gotteskäfer, Sonnenkälbchen oder Marienkäfer – gemeint ist immer der gleiche, kleine rote Käfer mit den Punkten. Fast alle Menschen kennen diesen putzig aussehenden Krabbler und mögen ihn. Er gilt als Glücksbringer und jeder freut sich, wenn er einen Marienkäfer entdeckt. Ihr habt bestimmt auch schon häufiger Marienkäfer beobachtet und an Sträuchern gesammelt.

Der Name Marienkäfer kommt von der Jungfrau Maria, die angeblich die kleinen Käfer den Bauern zur Schädlingsbekämpfung geschenkt hat. Für die Bauern und Gärtner ist der Marienkäfer tatsächlich ein **Glücksbringer,** da er mit seinem großen Appetit viele Pflanzen vor einem Blattlaus-Überfall bewahrt. Viele Marienkäferarten fressen nämlich gerne Blattläuse, das heißt, sie greifen sich die **Blattläuse** mit ihren Vorderbeinen, beißen sie an und saugen sie dann aus. Zurück bleiben nur die leeren Blattlaushüllen.

Ein einziger erwachsener Marienkäfer kann locker 50 bis 100 Blattläuse pro Tag fressen. Da sich auch die **Larven** der Marienkäfer von Blattläusen ernähren, legen die Käferweibchen ihre Eier gerne auf Blättern ab, die besonders stark von Läusen befallen sind. Nach einer Woche schlüpfen die schwarzen Larven und fangen sofort an zu fressen. Dazu beißen sie wie die Elterntiere die Blattläuse mit ihren **Mundwerkzeugen** an und saugen sie aus. So gut genährt, wachsen sie sehr schnell und häuten sich mehrmals. Kurz vor ihrer **Verpuppung** frisst die Larve auch ganze Blattläuse. Sie ist jetzt grau mit gelben oder orangefarbenen Punkten und hat mittlerweile an die 3000 Läuse vertilgt. Wissenschaftler haben ausgerechnet, dass der Nachwuchs eines einzigen Siebenpunkt-Marienkäfers, also eines Marienkäfers mit sieben Punkten, während des Sommers mehr als 100 000 Blattläuse fressen kann.

Weil Marienkäfer diesen ungeheuren Appetit auf Läuse haben, werden sie gerne in der Schädlingsbekämpfung eingesetzt. Bis vor einigen Jahren war der **Siebenpunkt** der Star unter den Läusefressern. Er hat einen Riesenappetit und war in Deutschland die häufigste Marienkäferart. 2002 wurden in Deutschland dann zum ersten Mal größere Mengen des asiatischen Marienkäfers entdeckt, der viel mehr Punkte hat. Ursprünglich hatten nur Gärtner diese Marienkäferart in ihren Gewächshäusern, aber dann entkamen ein paar der Tiere und vermehrten sich im Freiland explosionsartig. Da sich der asiatische Marienkäfer häufiger fortpflanzt und in Deutschland kaum Feinde hat, ist er mittlerweile in ganz Deutschland verbreitet und in vielen Gegenden sogar zur Plage geworden.

Übrigens: Auf der ganzen Welt gibt es mehr als 5000 verschiedene Marienkäferarten. Allein in Deutschland gibt es über 70 Arten, die sich auch in der Anzahl ihrer Punkte unterscheiden. Denn die Anzahl der Punkte hat nichts mit dem Alter des Käfers zu tun. Sie ist von Art zu Art unterschiedlich und bleibt ein Leben lang gleich. In Deutschland könnt ihr besonders oft den Zweipunkt-, den Siebenpunkt-, den Vierzehnpunkt und den Zweiundzwanzigpunkt-Marienkäfer sehen.

Wie kann man Hasen und Kaninchen voneinander unterscheiden?

»Guck mal, da! Die Hasen!« Und als Antwort kommt prompt zurück: »Das sind keine Hasen, das sind Kaninchen.« Und wenn ihr dann meint, ein Kaninchen entdeckt zu haben, dann war es bestimmt ein Hase. Aber eigentlich sind Hasen und Kaninchen ganz leicht zu unterscheiden – allerdings muss man ein paar Dinge über sie wissen.

Hasen und Kaninchen unterscheiden sich im Aussehen und in ihrer Lebensweise deutlich voneinander. Ein Hase ist fast doppelt so groß wie ein Kaninchen. Er kann 75 cm groß und an die 6 kg schwer werden. Hasen leben als Einzelgänger auf Wiesen und sind überwiegend in der Dämmerung unterwegs. Tagsüber schlafen sie lieber in einer geschützten Mulde, die **Sasse** genannt wird. Werden Hasen in ihrem Versteck aufgeschreckt, ducken sie sich entweder ganz platt ins Gras oder sie flüchten mit einer Geschwindigkeit von bis zu 70 km/h. Dabei laufen sie jedoch nicht geradeaus, sondern ändern mithilfe ihrer langen Hinterbeine oft abrupt die Richtung. Man sagt, »sie schlagen Haken«. Dadurch ist es für Verfolger wie Füchse oder Greifvögel sehr schwer, einen Hasen zu erbeuten.

Die kleineren Kaninchen werden hingegen nur ungefähr 35 cm groß und wiegen 2 kg. Sie leben in größeren **Kolonien** zusammen und haben große verzweigte unterirdische Bauten mit langen Tunneln, in die sie sich bei Gefahr flüchten.

Von Weitem könnt ihr Hasen schon an den langen Ohren erkennen: Ihre Ohren können 16 cm lang werden, **Kaninchenohren** sind meist nur halb so lang. Die **Hasenohren** sind unabhängig voneinander beweglich und drehen sich immer in die Richtung, aus der Geräusche kommen. Dadurch werden die Schallwellen wie von einem Trichter eingefangen und gebündelt. **Das gute Gehör ist für Hasen überlebenswichtig.** Je früher sie ihre Feinde hören, umso größer ist der Vorsprung, den sie mit ihrem **Hakenschlagen**

erreichen. Kaninchen entfernen sich nur selten weit von ihrem Bau und haben deshalb auch kürzere Fluchtwege. Und sobald sie ihren Bau erreicht haben, sind sie vor den meisten Feinden sicher.

Auch zwischen Hasenjungen und kleinen Kaninchen gibt es große Unterschiede. Neugeborene Kaninchen sind nackt und blind und kommen im Bau auf die Welt. Sie werden als **Nesthocker** bezeichnet, weil sie in der ersten Zeit ohne ihre Mutter nicht lebensfähig sind. Die Hasenjungen hingegen haben schon bei der Geburt Fell und offene Augen. Sie werden in der Sasse auf freiem Feld geboren und müssen von Geburt an zur Flucht fähig sein. Deshalb werden Hasen auch als **Nestflüchter** bezeichnet.

Übrigens: Über ihre langen Ohren, die auch **Löffel** genannt werden, regeln Hasen bei Hitze auch ihre Körpertemperatur. Die Ohren haben eine dünne Haut, durch die große Blutgefäße schimmern. Über diese Gefäße können Hasen überschüssige Körperwärme abgeben. Kaninchen brauchen diese Klimaanlage nicht so dringend, weil sie sich im Sommer in ihren schattigen, kühlen Bau zurückziehen.

Wie ihr Pflanzen als Herbarium sammelt

Wollt ihr die bunte Vielfalt einer Sommerwiese einfangen? Dann legt doch mal ein Herbarium an. Das ist eine Pflanzensammlung, die aus gepressten und getrockneten Pflanzen besteht. Wenn ihr einige Dinge beachtet, könnt ihr in kurzer Zeit eine schöne, vielseitige Sammlung zusammenstellen, die sich viele Jahre hält. Pressen und Trocknen ist nämlich eine wirkungsvolle Technik, Pflanzen jahrelang haltbar zu machen.

Hierfür braucht ihr:

- 1 große Dose mit Deckel
- 1 kleines Notizbuch
- 1 Stift
- 1 Lupe, falls ihr eine habt
- Zeitungspapier
- mehrere dicke Bücher als Gewicht
- weißes Papier
- 1 Klebestift
- Klarsichthüllen
- 1 Ringbuch
- dieses Buch, um die Pflanzen zu bestimmen

Der beste Zeitpunkt für dieses Experiment:
Mit der Pflanzensammlung fangt ihr am besten im Frühjahr an.

So wird es gemacht:

- Sammelt an einem trockenen Tag verschiedene Pflanzen. Sucht sie an mehreren Stellen wie zum Beispiel auf Wiesen, an Feld- und Waldrändern sowie an Flussufern.
- Achtet darauf, dass die Pflanzen vollständig sind, also Stängel, Blüten und Blätter haben.

- Bewahrt die Pflanzen – solange ihr noch unterwegs seid – in der Dose auf.
- Schreibt euch den Fundort und das Datum in euer Notizbuch.
- Betrachtet die Pflanzen ganz genau, wenn möglich mit einer Lupe.
- Bestimmt die Pflanzen mithilfe dieses Buchs, wenn ihr nach Hause kommt.
- Legt jede Pflanze sorgfältig auf Zeitungspapier und bedeckt sie mit einer weiteren Lage Zeitungspapier.
- Legt den Zeitung-Pflanzen-Stapel unter ein paar dicke Bücher – am besten an einem trockenen warmen Ort. Wartet nun 3 bis 10 Tage.
- Wenn die Pflanzen getrocknet sind, klebt sie auf einen Bogen weißes Papier.
- Beschriftet den Bogen mit Pflanzennamen, Fundort und Datum.
- Legt die Bögen in Klarsichthüllen und heftet sie in eurem Ringbuch ab.

Achtung!

- Pflückt nur Pflanzen, von denen mehrere an der gleichen Stelle stehen.
- Pflückt keine geschützten Pflanzen, fragt vorher einen Erwachsenen.
- Wascht euch danach immer die Hände.

Das könnt ihr beobachten:

Ihr werdet feststellen, dass einige Pflanzen nur an bestimmten Orten wachsen, während andere Pflanzen eigentlich fast überall stehen. Mit einer Lupe sind die Haare auf ihren Blättern, die Muster auf den Blüten oder die Staubgefäße gut zu erkennen. Ihr werdet merken, dass ihr bald viele Pflanzen kennt und euch die Namen leicht merken könnt, wenn ihr euch mit ihnen beschäftigt.

Tipp:

Wenn ihr einen Fotoapparat habt, fotografiert die Pflanze an ihrem Standort, bevor ihr sie pflückt. Das Foto könnt ihr anschließend neben die getrocknete Pflanze auf den Bogen kleben. Dadurch könnt ihr anderen einen Eindruck von dem natürlichen Umfeld der Pflanze vermitteln.

Eine Schmetterlingswiese anlegen

Auf Wiesen leben viele Kleintiere wie zum Beispiel Ameisen, Käfer, Würmer, Bienen, Schnecken, Libellen, Grillen oder Schmetterlinge. Wenn ihr diese Tiere genauer beobachten wollt, legt doch selbst eine sogenannte Schmetterlingswiese an. Hier finden die Tiere genügend Nahrung und fühlen sich wohl. Ihr braucht dafür ein kleines Stück Erde in eurem Garten, vielleicht dürft ihr auch ein Beet im Schulgarten umgestalten oder ihr nehmt einen großen Blumenkasten.

Hierfür braucht ihr:

- Fleckchen Erde: etwa 80 cm x 1 m
- Tütchen mit einer speziellen Samenmischung für Schmetterlingswiesen aus einer Gärtnerei
- 1 Harke
- 1 Gießkanne
- Wasser

Der beste Zeitpunkt für dieses Experiment:
Die Wiese legt ihr am besten im Frühjahr an.

So wird es gemacht:

- Lockert die Erde mit der Harke auf.
- Entfernt alle alten Pflanzenteile, Äste und Kräuter.
- Sät die Blumensamen aus.
- Bedeckt sie leicht mit Erde.
- Gießt die Samen mit Wasser aus der Gießkanne an und haltet die Wiese den ganzen Sommer über immer leicht feucht.
- Mäht die Wiese erst im Herbst.

Das könnt ihr beobachten:

Zu Beginn könnt ihr beobachten, wie die Pflanzen keimen, wachsen und allmählich Blüten bekommen. Bald darauf kommen Insekten zu eurer Wiese und steuern die Blüten an. Die Samenmischung für eine Schmetterlingswiese enthält nämlich besonders viele Samen von insektenfreundlichen Pflanzen. Das sind Pflanzen mit Blüten, die Insekten genügend Nektar bieten. Nach und nach werden sich auf eurer Wiese auch immer mehr kleine Tiere ansiedeln und nach Futter suchen.

Tipp:

Wenn ihr vor dem Mähen Samen und Früchte von den Pflanzen sammelt, könnt ihr im nächsten Frühjahr eure eigenen Samen säen. Dafür eignen sich Akelei, Schafgarbe und Klatschmohn zum Beispiel sehr gut.

Lebensraum Stadt

Nicht nur Menschen leben gerne in der Stadt, auch für viele Tiere haben Städte einiges zu bieten: Hier gibt es viele geschützte Lebensräume für unterschiedliche Tiere, genug Nahrung und außerdem ist es in einer **Großstadt** wärmer als auf dem Land. Und so machen sich nachts Waschbären geräuschvoll über Mülltonnen her, Marder huschen durch die Straßen der Stadt und vergreifen sich zum Leidwesen der Autobesitzer unter der Kühlhaube an Kabeln und Schläuchen. Falken gleiten durch Häuserschluchten und Mauersegler nutzen den warmen Aufwind über den Häusern, um hoch über den Dächern zu segeln.

Vielfalt zwischen Straßen und Häusern

Natur gibt es in Städten an vielen Stellen und in unterschiedlichen Formen. In Gärten, Parks und auf Friedhöfen wachsen verschiedene Bäume, Sträucher und Kräuter. Auf verlassenen Industriegeländen und nicht von Gärtnern gepflegten Grünflächen gedeiht so manche Wildpflanze. Vögel, die in der freien Natur in Felsen und Höhlen brüten, finden in alten oder leer stehenden Häusern zahlreiche **Unterschlupfmöglichkeiten.** Und Wasservögel fühlen sich auf Flüssen, die durch Innenstädte fließen, genauso wohl wie auf einem See auf dem Land. Wildbiologen sagen sogar, dass es in der Stadt inzwischen mehr und vielfältigere Lebensräume für Wildtiere gibt als in Regionen mit viel Landwirtschaft. Denn durch den vermehrten Einsatz von Maschinen, Pflanzenschutzmitteln, Unkrautvernichtungsmitteln und Dünger hat sich die Landschaft dort so stark verändert, dass viele Tier- und Pflanzenarten dort ihre Lebensräume verloren haben. Und tatsächlich leben inzwischen mehr als 6000 verschiedene Tierarten in unseren Städten und Dörfern – trotz Lärm, Autoabgasen und der Nahe zum Menschen. Alleine in Berlin könnt ihr über 50 Säugetierarten beobachten und in den Grünanlagen, Parks und Gärten dieser Millionenstadt brüten 180 Vogelarten. Sogar vom Aussterben bedrohte Käfer wie den Heldbock findet ihr in Parkanlagen um Berlin.

Tiere auf der Landflucht

In der Natur haben sich in den letzten Jahren die **Lebensbedingungen** für viele Tiere verschlechtert. **Der Grund dafür ist, dass die natürlichen Lebensräume immer weniger werden.** Tiere finden auf den weiten landwirtschaftlich genutzten Flächen nicht mehr genügend Rückzugsräume, Nahrung und Nistplätze. Hecken, Waldgebiete und Gehölzgruppen weichen neuen Ackerflächen. Besonders betroffen sind sogenannte **Feuchtbiotope:** Wiesen und Sümpfe wurden trockengelegt, um Bauland zu gewinnen, Bäche und Flüsse für den Schiffverkehr begradigt. Dort, wo Wiesen oder Wald waren, werden Straßen, Industriegebiete und Häuser gebaut. Die Folge ist, dass inzwischen 75 % der wild lebenden Vögel in Deutschland gefährdet sind.

Auch die **Überdüngung** von Äckern und Wiesen wirkt sich auf die Vielfalt von Tieren und Pflanzen aus: Beim Düngen werden bestimmte Pflanzen gefördert, die andere verdrängen. Dadurch gibt es weniger unterschiedliche Blüten, die aber auch weniger Insekten anziehen. Und weniger Insekten heißt weniger Vögel. Alles in allem bedeutet das: **Je eintöniger eine Landschaft, umso weniger Tier- und Pflanzenarten findet ihr.**

Schlaue Tiere ziehen in die Stadt

? Warum treibt es die Tiere in die Stadt? Wildbiologen sagen, weil sie intelligent sind. Die Tiere haben erkannt, dass ihnen in Städten weniger Gefahr droht als auf dem Land, da in den Häuserschluchten nicht gejagt werden darf. Besonders Wildschweine sind clever. Sie merken sich sehr gut, an welchem Ort man auf sie geschossen hat. Wenn Jäger hinter ihnen her sind, flüchten sie sogar schon aus dem Wald in die Stadt. Sie wissen ganz genau, dass es dort sicherer für sie ist.

Überhaupt haben **Wildschweine** das ruhige Leben in der Stadt für sich entdeckt. Ein Beispiel sind **Berlin und Umgebung: Dort leben vermutlich 6000–8000 Wildschweine.** Sie pflügen – sehr zum Leidwesen der Gärtner – schon einmal einen Vorgarten oder Kartoffelacker um. Zudem sieht man Muttertiere ganz gemächlich mit ihren Frischlingen eine Straße überqueren. Ihnen solltet ihr aus dem Weg gehen, denn Wildschweinmütter können sehr aggressiv werden, wenn ihre Jungen bedroht sind.

Auch **Füchse** fühlen sich in der Stadt ausgesprochen wohl. Sogar mitten im Zentrum von München, auf dem Marienplatz, soll man sie schon gesehen haben. Hier finden sie Nahrung in überquellenden Mülltonnen und in Gärten auf Komposthaufen. Sie machen sich aber auch nützlich und jagen Ratten, Mäuse, Tauben und Wildkaninchen, die sich in Parks oft stark vermehren.

Vögel wie der **Mauersegler, Haussperling** oder der **Hausrotschwanz** brüten in geschützten Mauernischen und Hohlräumen und **Stare** bleiben sogar den Winter über in der Stadt, weil es dort warm genug ist. So müssen sie nicht den langen, **kräftezehrenden Weg in den Süden** antreten. Besonders luxuriös ist das Leben für **Falken** und **Fledermäuse.** Falken sind Nutznießer davon, dass es sogar in der Nacht hell genug ist zum Jagen, und Fledermäuse flattern um Straßenlaternen herum. Die vielen Insekten, die sich im Licht der

Laterne ansammeln, sind für sie ein wahres Festmahl. Tagsüber schlafen die kleinen Flugsäugetiere in Dachstühlen, in Mauerritzen oder hinter Fensterläden und Holzverkleidungen.

Vorsicht wilde Tiere?

Viele Wildtiere haben ihre Scheu vor dem Menschen verloren. Aber auch wenn sie noch so niedlich sind, ist es verboten, Wildtiere zu füttern oder gar mit nach Hause zu nehmen. In vielen Städten muss man sogar eine Geldbuße zahlen, wenn man sie füttert. Auch anfassen solltet ihr die Tiere nicht. Sie könnten beißen oder Krankheiten übertragen. Also: **Abstand** halten, beobachten und sich freuen, dass man ein Tier beobachten kann.

Die Tücken des Stadtlebens

Natürlich ist auch für Tiere das Leben in der Stadt nicht ungefährlich. Viele sterben auf der Straße, wie zum Beispiel Igel, die nicht weglaufen, wenn ein Auto auf sie zukommt, sondern sich stattdessen zusammenrollen. Gegen Raubtiere, die einen Igel fressen wollen, reicht das als Schutz aus, bei Autos funktioniert dieser **Schutzmechanismus** leider nicht und viele Igel werden überfahren. Auch viele Vögel sterben im Großstadtdschungel, weil sie gegen Glasscheiben fliegen.

Wie auf dem Land, geht aber auch in den Städten immer mehr Lebensraum verloren. Alte Häuser werden renoviert, Dachböden mit ihren Versteckmöglichkeiten für Fledermäuse und Vögel zu einer Wohnung ausgebaut. Außerdem errichtet man nun moderne Häuser, die so gut isoliert und abgedichtet sind, dass nicht einmal mehr eine Ameise hineinkriechen kann. Scheunen und Ställe werden abgerissen, Fugen in Mauern verputzt, Kirchtürme dicht verschlossen – und **brachliegendes Land verschwindet unter Teer und Häusern.** So werden mit der Zeit die vielen kleinen Ecken, in denen Wildpflanzen gedeihen, auch in der Stadt seltener. Stattdessen wachsen in städtischen Parkanlagen und Gärten exotische Pflanzen wie zum Beispiel die aus China stammende Forsythie, deren Pollen oder Früchte heimische Tiere nicht verwerten können oder die gar giftig sind.

Steinmarder (Martes foina)

Aussehen: Der Steinmarder ist der häufigste heimische Marder und ein enger Verwandter von Dachs, Otter und Iltis. Sein Körper ist lang gestreckt, das Fell braungrau mit einem weißen Fleck auf der Brust. Zudem hat er einen langen, buschigen Schwanz.
Lebensraum: Als Wohnraum lieben Marder steiniges Gelände mit vielen Baumhöhlen und Felsritzen. Da Mauern, Ställe und Häuser ähnliche Lebensbedingungen bieten, haben sich Steinmarder auch in Städten und Dörfern angesiedelt.
Lebensweise: Marder fressen alles, am liebsten aber Fleisch. Dazu jagen sie nachts, tagsüber schlafen sie in einem versteckten weichen Nest, das mit Haar, Federn und Gras gepolstert ist. Außer zur Paarungszeit gehen sie Artgenossen aus dem Weg.

Früher waren Steinmarder als Hühnermörder bekannt: Beim Anblick der ängstlich umherflatternden Vögel »rastete« ein Marder sozusagen aus und biss so lange zu, bis alle Hühner tot waren. In der Stadt sind die Marder bei Autofahrern unbeliebt, weil sie nachts oft unter die Motorhaube kriechen und Kabel, Schläuche und andere Gummiteile zerbeißen.

Waschbär (Procyon lotor)

Aussehen: Auf den ersten Blick sieht der Waschbär wie ein pummeliger Riesenkater aus – allerdings hat er ein weißes Gesicht mit dunklen Streifen quer über den Augen, die wie eine Maske wirken.
Lebensraum: In freier Natur leben Waschbären in Laub- und Mischwäldern, aber stets in Wassernähe. Mittlerweile zieht es sie immer öfter in waldreiche Vorstädte, wo sie Mülltonnen leer räumen und Dachböden als Schlafraum nutzen.
Lebensweise: Die grau melierten Kleinbären sind dämmerungs- und nachtaktiv und können sehr gut klettern und leicht auch mal einen Apfelbaum plündern. Ansonsten fressen sie so ziemlich alles, was ihnen in die Pfoten fällt – Nüsse, Beeren, Schnecken, Käfer und Krebse.

Waschbären galten lange als Einzelgänger. Heute weiß man, dass verwandte Weibchen häufig ein gemeinsames Revier bewohnen, während junge Waschbärmänner gerne kleine »Streetgangs« bilden. Als muntere Nachttiere machen sie bei ihren Raubzügen oft viel Lärm, was uns »Tagmenschen« wiederum den Schlaf raubt.

Ratte – ein intelligenter Nager

(Rattus)

Es gibt Menschen, die sich die pfiffigen Ratten als Haustier halten, doch die meisten Menschen finden Ratten unangenehm. Besonders eklig finden manche den langen, unbehaarten Schwanz. An ihm könnt ihr die **Hausratte** von der **Wanderratte** unterscheiden: Der Schwanz der Hausratte ist länger als ihr Körper, bei der Wanderratte kürzer. Zudem sind Hausratten etwas kleiner als Wanderratten.

Wanderratten sind auf der ganzen Welt verbreitet. Sie leben in Kellern, Ställen, Scheunen, in der Kanalisation und Kloaken. Sie sind wahre Überlebenskünstler und finden immer Nahrung. Sie greifen auch andere Tiere an, töten und fressen diese. In Notzeiten ernähren sie sich aber auch von Seife, Papier oder Holz.

Die intelligenten Tiere leben in **Erdbauten,** und zwar in Familienverbänden von bis zu 200 Tieren. Untereinander erkennen sie sich am Geruch und verständigen sich mit Fauch-, Knurr-, Fiep- und Quiektönen. Unter günstigen Bedingungen bringt eine weibliche Ratte in einem Jahr mehrere Dutzend Junge zur Welt. Diese werden im Alter von sechs Wochen geschlechtsreif und haben dann selber Junge. Dadurch vermehren sich Wanderratten sehr stark: Wissenschaftler haben ausgerechnet, dass bei uns in Deutschland etwa 300 Millionen Ratten den Untergrund bevölkern.

Wanderratten *(Rattus norvegicus)* führen ein heimliches Leben und gehen erst in der Dämmerung und in der Nacht auf Nahrungssuche. Sie können großen Schaden anrichten, weil sie nicht nur Lebensmittel stehlen und dabei mit ihrem Kot verschmutzen, sondern auch Elektrokabel und Wasserleitungen anfressen. Ratten übertragen außerdem auch Krankheiten. Deswegen werden sie in Städten auf der ganzen Welt bekämpft. Ihre natürlichen Feinde sind Greifvögel, Füchse, Hunde, Katzen sowie verschiedene Marderarten.

Hausratten *(Rattus rattus)* leben hingegen nicht in Erdbauten, sondern überall dort, wo Vorräte gelagert werden. Sie sind **Allesfresser** und leben in Gruppen von bis zu 60 Tieren. Im Mittelalter waren sie es, die den **Rattenfloh,** den Erreger der Pest, übertrugen. Dieser Krankheit fielen damals Millionen Menschen zum Opfer. Hausratten sind aber selten geworden, da die Wanderratte sie verdrängt hat. Sie stehen sogar auf der Roten Liste der bedrohten Arten.

Großer Abendsegler – Orientierung mit Ultraschall

(Nyctalus noctula)

Kurz vor Einbruch der Dämmerung sieht man oft kleine Schatten durch die Luft huschen: Fledermäuse. Die meisten sind scheue, **nachtaktive Tiere.** Der Große Abendsegler, eine der häufigsten und größten heimischen Fledermausarten, geht im Herbst allerdings manchmal auch schon bei Tageslicht auf die Jagd nach Nachtfaltern, Grillen und Käfern. Dann könnt ihr sein rostbraunes glänzendes Fell und die kurzen, dreieckigen Ohren mit dem breiten, nierenförmigen Ohrdeckel gut erkennen. Abendsegler werden bis 8 cm groß, ihre Flügel haben eine Spannweite von fast 40 cm. Sie sind ausgezeichnete Flieger und fangen ihre Beute bei Geschwindigkeiten bis zu 60 km/h. Am Boden bewegen sie sich jedoch eher unbeholfen.

Der Abendsegler ist eine typische **Baumfledermaus** und bewohnt alte Höhlen in Bäumen. Aber auch in Häusern und in Nistkästen richtet er sich häuslich ein. In Städten seht ihr ihn manchmal abends um Laternen flattern. Hier findet er einen reich gedeckten Tisch vor und fängt Insekten, die vom Licht angezogen werden. Wie alle Fledermäuse orientiert er sich selbst bei völliger Dunkelheit mithilfe eines ausgetüftelten Sinnesorgans. Er stößt kurze, extrem hohe und für uns unhörbare Schreie im Ultraschallbereich aus, die von Hindernissen und Beuteinsekten zu ihren Ohren zurückgeworfen werden. Anhand dieses Echos kann die Fledermaus genau berechnen, wie weit das Hindernis oder die Beute entfernt ist. Ihr Gehirn kann die Informationen zu einem richtigen dreidimensionalen Bild zusammenfügen; sie »sehen« auf diese Art sozusagen mit den Ohren wie wir mit unseren Augen. Mit ihren eigenen kleinen Augen können Fledermäuse nur Hell und Dunkel erkennen. So wissen sie, wann es dämmert und es Zeit für die Jagd ist.

Den Winter verbringen Abendsegler geschützt in alten Höhlen, Tunneln oder auf Dachböden und in Türmen. Hier findet ihr manchmal viele Hundert Tiere, wie sie kopfüber hängend Winterschlaf halten. Dabei sinkt ihre Körpertemperatur fast bis auf die Umgebungstemperatur ab. Nach Beendigung des **Winterschlafs** ziehen sie in ihre Sommerquartiere und legen dabei oft lange Strecken zurück. Im Sommerquartier bringen die Weibchen im Juni 1–3 Junge zur Welt. Doch mittlerweile stehen die meisten in Deutschland lebenden Fledermausarten auf der Roten Liste der gefährdeten Arten. Auch der Abendsegler gilt als gefährdet.

Eichhörnchen (Sciurus vulgaris)

Aussehen: Das Eichhörnchen ist ein Nagetier. Sein Fell ist fuchsrot bis schwarzbraun und am Bauch weiß. Typisch sind der buschige Schwanz und die pinselartigen Haarbüschel an den Ohrspitzen.
Lebensraum: Eichhörnchen sind in ganz Mitteleuropa verbreitet und leben in lichten Wäldern mit viel Unterholz. Häufig seht ihr sie auch in Gärten und Parks.
Lebensweise: Das Leben der Eichhörnchen spielt sich in luftiger Höhe ab, wo die kleinen Nager waghalsig von Ast zu Ast springen. Eichhörnchen ernähren sich von Knospen, Blüten, Nüssen und Kastanien, aber auch von Würmern und Insekten. Sie bauen aus Reisig und Moos ein kugelförmiges Nest mit einem Eingang und einer Fluchtröhre. In diesem Nest, das auch Kobel genannt wird, ziehen die Tiere ihre Jungen groß und verbringen die kalten Wintertage. Eichhörnchen halten aber keinen Winterschlaf.

Eichhörnchen legen Wintervorräte an. Dazu markieren sie mit einer Duftdrüse beispielsweise eine Nuss und vergraben sie in der Erde. So können die kleinen Nager die Nuss auch unter einer dicken Schneedecke erschnüffeln und wiederfinden.

Hausmaus (Mus musculus)

Aussehen: Hausmäuse sind kleine, etwa 10 cm große Nagetiere. Sie sind schlank, haben einen spitzen Kopf und einen langen, unbehaarten Schwanz.
Lebensraum: Sie leben auf der ganzen Welt und sind typische Kulturfolger. Das heißt, sie sind dem Menschen gefolgt und leben in seinen Häusern, Scheunen, Ställen und sogar in Kühlhäusern – eben überall, wo es etwas zum Fressen gibt.
Lebensweise: Hausmäuse sind Allesfresser. Zudem sind sie gute Kletterer, laufen sehr schnell und können gut schwimmen. Tagsüber verstecken sie sich in verborgenen Hohlräumen wie etwa hinter Fußleisten. Ihr Nest bauen sie aus zerfetzten Lumpen und Papier. In warmen Gebäuden bringen die Weibchen bis zu achtmal im Jahr 3–8 nackte, blinde Junge zur Welt.

Auch unter guten Bedingungen können sich Hausmäuse nicht so explosionsartig vermehren wie Feldmäuse. Wenn zu viele Hausmäuse in einem Revier leben, werden die jungen Weibchen nämlich vorübergehend unfruchtbar und können keine Jungen bekommen. Grund ist vermutlich der Stress, der entsteht, wenn zu viele Tiere auf engem Raum leben.

Mauersegler (Apus apus)

Aussehen: Mauersegler ähneln Schwalben, sind aber etwas größer als diese. Ihr Gefieder ist ruß- bis bräunlich schwarz, auf der Kehle haben sie einen grauweißen Fleck. Ihre Flügel sind lang und sichelförmig, der Schwanz ist in zwei Teile gegabelt.
Lebensraum: Mauersegler benötigen als gute Segler viel warme aufsteigende Luft. Die finden sie über den Häusern der Großstädte. Ihre kleinen runden Nester kleistern sie unter überhängenden Felsen, Mauersimsen oder Dachrinnen fest.
Lebensweise: Die Segler sind besonders gut an ein Leben in der Luft angepasst – sie trinken, fressen und übernachten sogar im Flug. Wenn sie nicht brüten, kreisen sie monatelang ununterbrochen in der Luft. Ihre verkümmerten Stummelfüßchen reichen gerade zum Festkrallen, aber nicht mehr zum Laufen und Abheben vom Boden. Daher fliegen sie stets hoch gelegene Punkte an, um leichter wegfliegen zu können. Mauersegler sind Zugvögel, die im August nach Afrika ziehen und Anfang Mai zurückkehren.

Beim Sturzflug kann ein Mauersegler Geschwindigkeiten von über 200 km/h erreichen!

Haussperling oder Spatz
(Passer domesticus)

Aussehen: Sperlingsmännchen haben einen rotbraunen Nacken und einen auffallenden schwarzen Kehlfleck und helle Wangen. Das Gefieder ist ansonsten grau bis graubraun. Die Weibchen sind unauffälliger und haben eine graue Brust.
Lebensraum: Spatzen leben überwiegend in der Nähe des Menschen, in Dörfern genauso wie in den großen Städten.
Lebensweise: Haussperlinge ernähren sich von Samen, fressen aber auch Würmer, Obst und sogar Küchenabfälle. Die Nester bauen sie in Mauerspalten, im Gebälk von Dachstühlen und manchmal auch in Baumhöhlen. Das Nest selber sieht etwas unordentlich aus und wird mit Federn und Flaum ausgepolstert. Spatzen brüten zwei- bis dreimal im Jahr und ziehen jedes Mal 3 – 6 Junge auf. Am Boden bewegen sich Spatzen hüpfend fort. Vor allem in der Stadt kann man Gruppen von Spatzen sehen, wie sie auf Tischen und Plätzen herumhüpfen und nach Nahrung suchen.

Haussperlinge sind zwar Singvögel, geben aber nur ein lautes Tschilpen von sich. Sie baden gerne in Pfützen und pflegen ihr Gefieder sehr sorgfältig. Manchmal nehmen sie auch ein Staubbad.

Turmfalke – »Meisterrüttler« in den Lüften

(Falco tinnunculus)

Turmfalken haben eine Flügelspannweite von etwa 80 cm und sind 30 – 40 cm groß. Die Männchen sind auf dem Rücken rostbraun mit dunklen Tupfen, der Kopf ist graublau und auf der Backe ist ein schwarzer Streifen. Ihr erkennt Turmfalken im Flug an den spitzen Flügeln, dem langen Schwanz und an ihren lauten »Kikikiki«-Rufen.

Die Besonderheit am Flugstil der Falken ist das sogenannte **Rütteln** – so nennt man es, wenn Falken in der Luft auf der Stelle verharren. Dazu schlagen sie kräftig und schnell mit den Flügeln, fächern ihre Schwanzfedern breit auf und knicken sie nach unten ab. Ihren Körper halten sie dabei aufrecht. Auf diese Weise stehen sie still in der Luft und beobachten mit ihren scharfen Augen den Boden. So warten sie auf den richtigen Moment, um sich auf ein Beutetier zu stürzen und es mit den Krallen zu packen.

Turmfalken fressen hauptsächlich Mäuse, aber auch Eidechsen, Frösche und Insekten. Wie bei allen Greifvögeln werden die unverdaulichen Reste der Beute wie etwa Knochen oder Insektenpanzer im Magen zu einem Ballen zusammengepresst und die Vögel würgen diesen wieder aus. Diesen Klumpen nennt man **Gewölle.** Anhand eines solchen Gewölles können Experten herausfinden, was der Vogel alles gefressen hat.

Der Turmfalke ist der häufigste heimische Falke. Er lebt in offenen Landschaften mit Baumgruppen, aber auch auf Kirchtürmen oder hohen Häusern in Städten und Dörfern. Dort oben in luftiger Höhe hat er auch seinen **Horst.** Dort brüten Turmfalken einmal im Jahr und ziehen bis zu sieben Junge auf.

Mit Falken wird auch gejagt. Dazu werden die Vögel von einem Falkner gezähmt und speziell ausgebildet. Bei der Jagd scheucht dann meist ein Hund Geflügel, das am Boden pickt, auf. Oft sind es Rebhühner, die dann hochschrecken. Darauf hat der Falke in der Luft gewartet: Er lässt sich pfeilschnell fallen, schlägt den Wildvogel mitten im Flug und bringt ihn dem **Falkner.** Heute werden Falken manchmal auch an Flughäfen eingesetzt: Dort fangen oder vertreiben sie Vögel, bevor diese in die Triebwerke von Flugzeugen geraten.

Felsentaube – Urahn unserer Haustaube

(Columba livia)

Felsentauben haben wie alle Tauben einen großen Kropf. Hierin bildet sich die sogenannte **Kropfmilch,** mit der sie ihre Jungen füttern. Sie leben an Meeresklippen und im Gebirge. Dort brüten sie in Felsspalten und Höhlen. Sie ernähren sich von Samen, Knospen, Beeren, Würmern und Insekten. Ursprünglich stammen sie aus Nordafrika.

Als Menschen früher begannen, die wild lebende Felsentaube zu züchten, ging aus dieser Züchtung allmählich unsere Haustaube hervor. Von dieser stammt dann auch die **Straßentaube** ab. Diese verwilderten Haustauben haben sich so erfolgreich an das Leben in unseren Städten angepasst, dass sie manchmal sogar zur Plage werden. Besonders auf belebten Plätzen fliegen sie in großen Schwärmen umher und streiten sich um Futterbrocken, die viele Menschen ihnen hinwerfen. Sie brüten in Mauernischen, Unterführungen oder unter beschädigten Dächern. Als ursprünglich reine Körnerfresser haben sich die verwilderten Tauben hervorragend an das städtische Nahrungsangebot angepasst und fressen mittlerweile sogar Bockwurst, Brot, Pommes frites, Süßigkeiten sowie Senf. Da sie aber auch Krankheiten übertragen können, sind sie nicht überall gern gesehen. Außerdem greift der Taubenkot das Gestein von Häusern und Denkmälern an. Aus all diesen Gründen muss man in manchen Städten ein Bußgeld bezahlen, wenn man Tauben auf der Straße füttert.

Natürlich werden auch viele Tauben als Haustiere gehalten und gezüchtet. Sehr beliebt sind **Brieftauben.** Vor der Erfindung des Telegrafen waren sie die einzige Möglichkeit, Botschaften schnell über große Entfernungen zu transportieren und zu übermitteln. Sie eignen sich dafür hervorragend, weil sie immer ihren Weg zum heimatlichen **Taubenschlag** zurückfinden – egal wie weit man sie wegbringt. Fachleute vermuten, dass sie sich auf ihrem Flug mithilfe von kleinen magnetischen Teilchen in ihrem Schnabel orientieren – ganz wie ein Kompass. Heute veranstaltet man mit ihnen sportliche Wettkämpfe. Erfolgreiche Zuchttiere werden zu hohen Preisen gehandelt und eine Taube kann schon einmal mehrere Tausend Euro kosten.

Lachmöwe (Larus ridibundus)

Aussehen: Kennzeichen der Lachmöwe sind das weiße Gefieder, der schokoladenbraune Kopf während der Brutzeit, ein roter Schnabel und lange rote Beine sowie hellgraue, außen schwarz gerandete Flügel mit weißer Vorderkante. Im Winter ist auch der Kopf weiß, nur an den Gehöröffnungen sieht man noch einen schwarzen Streifen.
Lebensraum: Lachmöwen leben in großen Brutkolonien im Schwemmland an Meeresküsten und in Sumpfgebieten. Im Winter geht es in Küstengebiete oder zu Orten mit größerem Nahrungsangebot, zum Beispiel zu Innenstädten, Kläranlagen und Häfen.
Lebensweise: Auf dem Speiseplan der Lachmöwe stehen Regenwürmer, Krebstiere, Fische, Insekten und Körner, aber auch Aas und Abfälle aller Art. Zur Brutzeit wird ein schalenförmiges Nest aus Gras und Schilfrohr gebaut, das sogar schwimmen kann; beide Eltern brüten abwechselnd die 2–3 Eier aus und versorgen die Jungtiere nach dem Schlüpfen, bis die nach vier Wochen flügge sind.

In den Brutkolonien von Lachmöwen brüten oft an die 1000 Paare. In manchen Brutkolonien wurden sogar über 21 000 Lachmöwenpaare gezählt!

Amsel (Turdus merula)

Aussehen: Die tiefschwarzen Amselmännchen mit ihrem orange-gelben Schnabel und einem hellen Augenring sind sehr auffällig. Du kannst sie eigentlich nicht verwechseln. Die Weibchen sind hingegen dunkelbraun und haben eine gefleckte Kehle.
Lebensraum: In alten Nachschlagewerken könnt ihr lesen, dass die Amsel ein scheuer Waldvogel ist. Das hat sich gründlich geändert. Heute seht ihr sie überall in städtischen Parks, Gärten und natürlich auch an Waldrändern.
Lebensweise: Am liebsten frisst die Amsel Regenwürmer. Dann hüpft oder trippelt sie über den Boden, hält den Kopf schräg und zieht einen Wurm heraus. Sie frisst aber auch Insekten, Schnecken und Früchte. Ihr Nest baut sie gut versteckt in Hecken und Büschen. Hier bebrütet das Weibchen ab April die grünen Eier, die mit braunen Flecken übersät sind. Oft siehst du Amseln für mehrere Minuten mit gespreizten Federn bewegungslos am Boden liegen. Sie nehmen dann ein Sonnenbad.

Amseln sind gute Sänger. Meistens hört ihr ihr lautes melodisches Flöten am Abend. Bei Gefahr oder Störung fliegt sie, laut »tix-tix-tix« zeternd, davon.

Wespe (Vespula vulgaris)

Aussehen: Typisch für die gelb-schwarzen Wespen ist die Einschnürung zwischen Vorder- und Hinterleib, die Wespentaille.
Lebensraum: Wespen kommen fast überall vor. Ideal zum Bau der Nester sind dunkle, geschützte Orte wie Erdlöcher, Felsritzen, Schuppen oder Dachböden.
Lebensweise: Wespen bilden kleine Staaten. Im April bauen die großen Königinnen an einem passenden Platz ein Papiernest: Dazu zerkaut jede Königin Holzfasern, mischt Speichel dazu und verklebt alles zu einer Wabe, die nicht größer ist als ein Tischtennisball. In der Wabe versorgt die Königin die madenförmigen Larven noch selbst; sobald die ersten, etwas kleineren Arbeiterinnen geschlüpft sind, kümmert sich die Königin nur noch ums Eierlegen. Das Wespenvolk wächst rasch und mit ihm das Nest – zum Schluss leben hier etwa 3000–4000 Tiere. Die Larven werden mit Fleisch gefüttert – mal einer Fliege, mal etwas Wurst. Die alte Königin stirbt im Herbst, danach auch ihr Volk. Nur junge, befruchtete Königinnen überwintern und gründen im Frühjahr neue Staaten.

Wespenstacheln haben keinen Widerhaken, weshalb die Tiere mehrfach stechen können. Wespen werden leicht aggressiv, wenn sie sich bedroht fühlen. Wenn eine Wespe im Anflug ist, verhaltet ihr euch am besten ganz ruhig und reizt sie nicht.

Kakerlaken (Blatta orientalis)

Aussehen: Die rotbraun-schwarze Kakerlake oder Gemeine Küchenschabe, wie sie auch heißt, ähnelt zwar einem Käfer, kann aber nicht fliegen. Sie ist eher platt und schlüpft so leicht in jede Ritze. Mit ihren langen, dünnen Fühlern, auf denen Riechorgane sitzen, erkundet sie ständig ihre Umgebung.
Lebensraum: Kakerlaken lieben es warm und dunkel. Daher findet ihr sie zum Beispiel in Küchen, Bäckereien, Heizungskellern, Badeanstalten und U-Bahn-Tunneln.
Lebensweise: Die Weibchen legen ihre Eier in einem Eikokon ab, in dem sich die Larven entwickeln. Die Jungtiere häuten sich insgesamt sechsmal, bis sie erwachsen sind. Die Tiere sind sehr lichtscheu: Sobald das Licht angeht, machen sie sich blitzartig aus dem Staub. Mit einem Tempo von etwa 5 km/h ist die Kakerlake das schnellste krabbelnde Insekt. Damit ist sie so schnell wie ihr, wenn ihr geht – und das mit ihren winzigen Beinchen!

Kakerlaken sind sehr widerstandsfähig – sogar Atombombenversuche haben sie überlebt. Nur extreme Kälte mögen sie nicht.

Messingkäfer (Niptus hololeucus)

Aussehen: Der goldgelb behaarte, braunrote Messing- oder Diebskäfer wird oft für eine Spinne gehalten: Sein Kopf liegt nämlich kaum sichtbar unter dem kugeligen Halsschild, der vom Hinterleib deutlich abgeschnürt ist. Daher sieht es aus, als ob sein Körper nur zwei Teile hat – genau wie bei Spinnen. Obendrein hat er keine Hinterflügel und kann nicht fliegen.
Lebensraum: Messingkäfer sieht man heute eher selten. Denn diese 2–5 mm winzigen Nagekäfer leben fast immer nur in Altbauten mit Decken aus Holzbalken und hohlen, mit Stroh gefüllten Wänden. Hier haben sie ihre Schlupfwinkel, die sie bei einer Renovierung natürlich verlieren; dann schwärmen sie massenhaft aus und werden lästig.
Lebensweise: Die Käfer fressen alle möglichen tierischen und pflanzlichen Überreste: Stoff, Federn, Kot, Leder, Getreide, Kräutertee und Mehl, ja sogar Papier, Spinnweben und tote Fliegen.

Messingkäfer stammen ursprünglich aus der Region um das Schwarze Meer und gelangten vor rund 200 Jahren als blinde Passagiere nach Europa.

Bücherskorpion (Chelifer cancroides)

Aussehen: Bücherskorpione sind keine echten Skorpione, sondern sogenannte Pseudoskorpione und völlig harmlos. Die Scheren, die auf den Vorderbeinen der nur 2,5–3,5 mm großen, platten Spinnentiere sitzen, können unsere Haut nicht durchdringen.
Lebensraum: In freier Natur leben sie unter trockener Baumrinde, in Bienenstöcken und in alten Vogelnestern.
Lebensweise: Seine Beute, zu der auch Springschwänze und Bettwanzen zählen, packt der Skorpion mit den Scheren und spritzt ein Gift hinein. Anschließend beißt er ein kleines Loch in den Panzer des zappelnden Tieres und schlürft es aus. In unseren Häusern sind vor allem Läuse und Milben, die hinter losen Tapeten und in verstaubten Büchern leben, für Bücherskorpione ein gefundenes Fressen.

Bei der Paarung tanzen die Männchen mit ihrer Partnerin vor und zurück, um sie dann plötzlich zu packen und über ein Samenpäckchen zu ziehen, das sie vorher am Boden abgelegt haben. Die Weibchen tragen die befruchteten Eier in einer Bauchtasche und versorgen anschließend den Nachwuchs mit einem speziellen Körpersaft.

Rosskastanie (Aesculus hippocastanum)

Merkmale: Die Gewöhnliche Rosskastanie ist ein typischer Stadtbaum, der rasch wächst und bis zu 30 m hoch werden kann. Die Kastanie kann außerdem bis zu 300 Jahre alt werden. Ihre Blätter sehen aus wie Hände: Auf einem langen Stiel sitzen 5–7 einzelne Fiederblätter. Die großen weißen Blütenkerzen sind von Mai bis Juni zu sehen. Ab September fallen dann die reifen, stacheligen Fruchtkapseln herunter, aus denen beim Aufprall braune, glänzende Früchte herausspringen.
Vorkommen: Kastanien wurden früher gerne als Alleebäume gepflanzt, weil ihr kühler Schatten Ross und Reiter vor Hitzschlag schützte. Heute gibt es kaum einen Park oder Biergarten ohne Kastanie. Ursprünglich kam die Rosskastanie nur auf dem Balkan vor. Türkische Soldaten, die mit den Früchten ihre Pferde füttern wollten, brachten sie Mitte des 16. Jahrhunderts nach Mitteleuropa.

Für hungrige Bienen hat der Baum eine Art »Ampelsystem« entwickelt: Unbefruchtete Blüten mit viel Nektar haben einen gelben Fleck, bei befruchteten, fast nektarlosen Blüten signalisiert ein roter Fleck: Hier gibt's nichts mehr zu holen!

Ahornblättrige Platane (Platanus x hispanica)

Merkmale: Platanen sind Laub abwerfende Bäume, die bis zu 45 m hoch werden. Ihre Blätter ähneln denen des Ahorns. Sie bestehen aus 3–5 dreieckigen Lappen, die an den Rändern Zacken haben. Am Stamm erkennt ihr sie aber sofort. Die dünne Borke blättert nämlich mit der Zeit ab und es entsteht ein Mosaik aus weißlichen und grünlichen Bereichen. Der Baumstamm sieht dann ganz gescheckt aus. Junge Triebe sind filzig behaart. Platanen blühen im Mai. Sie werden nur selten von Krankheiten befallen und sind frosthart.
Vorkommen: Platanen sind typische Park- und Alleebäume. Sie bilden tiefe Wurzeln und brauchen eine dicke Bodendecke. Außerdem wachsen sie gerne an einem sonnigen Standort.
Wissenswertes: Die Ahornblättrige Platane ist eine Kreuzung aus der Amerikanischen Platane und der Morgenländischen Platane. Botaniker nennen dies eine Hybride und markieren diese mit einem x zwischen den wissenschaftlichen Namen: Platanus x hispanica.

Ginkgo – Relikt aus der Urzeit

(Ginkgo biloba)

Ginkgopflanzen existieren schon seit fast 300 Millionen Jahren. Der Ginkgobaum ist der letzte Überlebende seiner Pflanzenfamilie und gilt als das älteste lebende **Fossil** in der Pflanzenwelt, das heißt, er hat sich seit Millionen von Jahren nicht verändert. Versteinerte Blätter und Früchte beweisen seine lange Existenz. Der Ginkgobaum wird bis zu 60 m hoch und hat, wenn er noch jung ist, einen schlanken und auffallend geraden Stamm. Seine braune Rinde ist rissig und bildet eine dicke Schicht, die Kork ähnelt. Besonders auffällig sind seine Blätter: Sie sind breit und fächerförmig und in der Mitte eingekerbt. Der Baum kann 1000 Jahre und älter werden und schmückt mit seinen schön geformten Blättern viele Straßenzüge und Gärten.

Überleben konnte der Ginkgo, weil er ein sehr anpassungsfähiger Baum ist, der sowohl in gemäßigten als auch in wärmeren Gegenden der Welt gedeiht. Er ist widerstandsfähig und trotzt verschmutzter Luft, Schädlingen, Pilzen, Viren und Bakterien. Gegen Autoabgase ist der Baum offenbar so unempfindlich, dass man in Millionenstädten wie Tokio und New York an viel befahrenen Straßen Ginkgoalleen pflanzt. Ginkgobäume haben sogar als einzige Pflanzen vor mehr als 60 Jahren den Abwurf der Atombombe in der japanischen Stadt Hiroshima überlebt. Sie gingen in Feuer auf und trieben im nächsten Frühjahr wieder kräftig aus.

Der Ginkgobaum ist aber noch aus einem anderen Grund berühmt: Seine Blätter enthalten heilende Substanzen, die gegen zahlreiche Beschwerden helfen. Das wussten schon die Menschen im Mittelalter vor rund 700 Jahren und haben aus den Blättern Tee und Wundpflaster bereitet. Seine Früchte, die **Ginkgopflaumen,** schmecken süß und pflaumenartig. In Japan werden sie zu Fischgerichten gegessen – oder als Knabberei oder Suppeneinlage verwendet.

Der Ginkgo stammt übrigens aus Ostasien und wurde von holländischen Seefahrern um 1730 von Japan nach Europa gebracht. Außerdem sind Ginkgos zweihäusig, es gibt also männliche und weibliche Pflanzen.

Wegmalve (Malva neglecta)

Merkmale: Wegmalven sind recht wild wuchernde, behaarte Pflanzen. An ihrem Stängel sitzen tief gefurchte Blätter mit gezackten Rändern. In den tütenförmigen, weißlichen bis blassrosa Blütenkelchen reifen runde, flache Früchte.
Vorkommen: In Ortschaften wächst die Wegmalve meist auf ziemlich trockenem Boden und überall dort, wo die Erde viel Stickstoff enthält – zum Beispiel in der Nähe von Komposthaufen, Viehställen und gut gedüngten Äckern oder Beeten. Da sie dann aber auch viel gesundheitsschädliches Nitrat in ihren Blättern anreichert, stellt sie für Tiere, die davon fressen, eine Gefahr dar.
Wissenswertes: Ihren zweiten Namen, nämlich »Kleine Käsepappel«, verdankt die Wegmalve den kleinen Teilfrüchten, die dort sitzen, wo vorher der Blütenkelch war, und die wie Minikäselaibe aussehen. Außerdem schmecken sie auch nach Käse und sind daher ein beliebter Biosnack. Früher hat man aus den Blättern Salat und aus den Früchten Mehl gemacht.

Brombeeren (Rubus)

Merkmale: Brombeersträucher haben kräftige, biegsame, dornenbesetzte Stängel, die bei älteren Pflanzen verholzen. Ihre Blätter sind graugrün. Das Brombeerlaub fällt auch im Winter nicht ab und dient vielen Schmetterlingsraupen als Futter. Die kleinen weißen Blüten tauchen zwischen Juni und August auf, die Früchte könnt ihr von Juli bis Oktober ernten. Allein in Europa gibt es über 2000 Brombeerarten, selbst Experten können nicht alle auseinanderhalten. Oft bilden sie undurchdringbare, bis 3 m hohe Dickichte. Hier finden zahlreiche Kleintiere, Vögel und Insekten Schutz und Nahrung.
Vorkommen: Brombeeren sind häufige Heckenpflanzen, die sonnigen, stickstoff- und kalkhaltigen Boden mögen. In der Stadt findet ihr sie vor Mauern, an Wegrändern und Böschungen, auf brachliegenden Flächen und Schuttplätzen.
Wissenswertes: Die saftigen blauschwarzen oder dunkelvioletten Brombeerfrüchte werden gerne zu Marmelade, Torten und Saft verarbeitet. Sie enthalten viele Vitamine. Aus den getrockneten Blättern kann man Tee zubereiten.

Trümmerblume oder Schmalblättriges Weidenröschen

(Epilobium angustifolium)

Merkmale: Weil die rosa und lila Blüten des Schmalblättrigen Weidenröschens nach und nach von unten nach oben aufblühen, sitzen an einer Pflanze gleichzeitig Knospen, Blüten und Früchte. Die Samen haben einen langen Haarschopf, mit dem sie wie kleine Fallschirme bis zu 10 km weit verweht werden können.
Vorkommen: Das Schmalblättrige Weidenröschen ist eine sogenannte Pionierpflanze, die freie Flächen blitzartig besiedelt. Nach einem Waldbrand taucht sie zum Beispiel mit als erste Pflanze auf dem verkohlten Boden auf. Ihren volkstümlichen Namen »Trümmerblume« erhielt das Weidenröschen nach dem Zweiten Weltkrieg, als es überall auf den Trümmerbergen der zerstörten Städte wucherte. Noch heute ist es eine Stadtpflanze und wächst auf Bahndämmen, Schuttplätzen oder Baustellen.
Wissenswertes: Von jungen Pflanzen werden die Sprosse gerne als Salat gegessen, aus den Blättern wird Kräutertee gekocht.

Aus den Samenhaaren flochten einige Indianerstämme Nordamerikas früher dünne Schnüre für Fischernetze, andere woben aus ihnen zusammen mit Ziegenhaaren Decken und Ponchos.

Große Brennnessel (Urtica dioica)

Merkmale: Die Brennnessel erkennt ihr spätestens dann, wenn ihr sie anfasst. Sie hat nämlich an Blättern und Stängel Brennhaare, deren Spitze bei Berührung abbrechen. Dabei piksen sie wie eine Arztspritze in die Haut. Das Ergebnis ist das berühmte unangenehme Brennen und Jucken. Brennnesseln haben aber in der Natur eine sehr wichtige Funktion: Sie sichern das Überleben einiger Schmetterlingsarten wie das des Kleinen Fuchses und des Tagpfauenauges. Deren Raupen ernähren sich nämlich ausschließlich von Brennnesselblättern.
Vorkommen: Brennnesseln wachsen fast überall, brauchen aber einen gut gedüngten Boden. Aus diesem Grund breiten sie sich gerne im Garten aus.
Wissenswertes: Man kann die zarten, jungen Blätter der Brennnesseln aber auch essen. Sie schmecken geschmort oder als Suppe ähnlich wie Spinat. Außerdem ist die Brennnessel auch eine uralte Heilpflanze. Aus den getrockneten Blättern macht man einen Tee, der sehr gesund ist.

Aus den Fasern der Brennnesselstängel wurde früher Stoff hergestellt, das Nesseltuch.

Warum stechen Mücken einige Menschen besonders gern?

Gehört ihr zu den Menschen, die im Sommer abends unbeschwert und ohne Angst vor Mücken am Seeufer sitzen können? Oder gehört ihr eher zu jenen, die nach einem schönen Grillabend oder einer lauen Sommernacht bei geöffnetem Fenster total zerstochen im Bett aufwachen und sich mal wieder fragen: Wieso ich? Wieso stechen sie immer mich?

»Sie« sind die Mücken, genauer gesagt die Stechmücken und noch genauer gesagt: Es sind ausschließlich die **Weibchen** der Stechmücken. **Denn sie brauchen nach der Paarung ein ganz bestimmtes Eiweiß, um Eier zu bilden.** Dieses Eiweiß finden sie im Blut von Reptilien, Vögeln und Säugetieren – und in unserem Blut. Die Männchen der Stechmücken sind hingegen harmlos; sie können sich ruhig auf unserer Haut niederlassen, denn sie ernähren sich ausschließlich von Nektar und Fruchtsäften. Es sind also nicht die Männchen, die für das juckende Ärgernis sorgen, sondern die Weibchen. Aber wonach suchen sie sich ihre Blutspender aus?

Hierbei scheinen die Mückenweibchen ganz verschiedene Dinge zu beachten. Zum einen mögen sie sehr gerne **cholesterinreiches Blut.** Cholesterin ist ein fettähnlicher Stoff, den wir mit dem Essen aufnehmen und der in unterschiedlicher Menge im Blut schwimmt. Zum anderen scheint auch die Menge des **Kohlendioxids** – ein Gas, das wir und die Tiere ausatmen – die Mücken anzulocken. Nur eines stimmt nicht, nämlich dass Mücken süßes Blut bevorzugen. Das ist ein Irrtum, der sich hartnäckig hält, denn so etwas wie »süßes Blut« gibt es gar nicht. Stattdessen reagieren **Mückenweibchen auch sehr stark auf Wärme,** sie werden von ihr angelockt. Deshalb bevorzugen sie Personen, die ein kleines bisschen wärmer sind als andere. Das sind häufig Frauen oder Kinder.

Außerdem beeinflusst der **Körpergeruch des Opfers** die Auswahl der Mücken. Hierbei ist aber nicht der starke Schweiß – wie der nach dem Sport – entscheidend, sondern die feinen Ausdünstungen der kleinen Drüsen, die über den ganzen Körper verteilt sind. Sie verströmen einen Mix aus Milchsäure, Fettsäuren und anderen Stoffen. Auch hier haben Wissenschaftler festgestellt, dass bestimmte Stoffe im Blut der Frau, die sogenannten Geschlechtshormone, über die Haut ausdünsten und die Mückenweibchen zum Stechen reizen. Alles in allem scheinen Mücken gut durchblutete, warme, wenig behaarte Körperstellen zu lieben und **Frauen werden insgesamt häufiger gestochen als Männer.**

Der beste Schutz gegen Mückenstiche sind **Insektengitter** vor den Fenstern oder ein **Moskitonetz** über dem Bett. Im Freien kann man den eigenen Körper gut mit luftiger, langärmeliger Kleidung und langen Hosen schützen und sich zusätzlich mit Insekten-Abwehrsprays oder -cremes einsprühen bzw. einreiben.

Übrigens: Da die Mücken ihre Eier ins Wasser legen, hilft es auch, Plätze zu meiden, in deren unmittelbarer Nähe sich eine Wasserquelle befindet. Das heißt zum Beispiel, dass eure Regentonne nur abgedeckt im Garten stehen sollte. Bei Wasserschalen, Gießkannen und Blumenvasen solltet ihr täglich das Wasser wechseln, damit aus den darin abgelegten Eiern erst gar keine Mücken entstehen.

Was macht der Waschbär in der Stadt?

Die meisten Menschen finden Waschbären süß und nett, denn sie haben ein niedliches schwarz-weißes Gesicht mit wachen Knopfaugen, scheinen schnell zutraulich zu werden und gehen auf lustige Art und Weise mit ihrem Futter um. Und die Waschbären scheinen auch Menschen zu mögen – zumindest ihre direkte Nähe –, denn sie kommen immer häufiger in die Städte. Aber was machen sie da? Leben die Waschbären in der Stadt?

Waschbären lebten ursprünglich nur in den Wäldern Nordamerikas. 1934 wurden die ersten beiden Waschbärenpaare in Hessen angesiedelt und ein paar Jahre später konnten einige Waschbären aus einer Pelztierfarm fliehen. Die Waschbären hatten in den Wäldern gute Lebensbedingungen, fanden reichlich Futter und vermehrten sich rasch.

Heute leben mehrere Hunderttausend Waschbären in Deutschland. Viele Waschbären leben in Wäldern, viele aber auch in Dörfern und Städten. Es gibt sogar richtige Pendler, die teilweise in der Stadt und teilweise auf dem Land leben. In Höxter, Göttingen und Berlin gibt es besonders viele Waschbären, aber Kassel ist die größte bekannte Waschbärenkolonie, sozusagen die Waschbären-Hauptstadt Europas.

Unsere Städte sind ein Paradies für diese Kleinbären. Sie finden unglaublich viele Verstecke, in denen sie tagsüber schlafen können. Hierzu gehören zum Beispiel Keller, Fahrradschuppen und Garagen. Auch Dachböden eignen sich wunderbar als Schlafplatz und sind über das Fallrohr, das zur Dachrinne führt, oder die efeuberankte Hauswand ganz leicht zu erreichen. Dann schieben die **akrobatischen Kletterer** eine Dachpfanne zur Seite oder öffnen ein schräg stehendes Fenster und schlüpfen hinein. Auch Autowracks auf Schrottplätzen sind als Schlafplatz beliebt.

Und wenn die Waschbären hungrig sind, bietet ihnen die Stadt einen reichlich gedeckten Tisch. Ob sie im Stadtpark die Abfallkörbe durchwühlen, vor den Häusern die Mülltonnen umwerfen, Obstbäume oder Hühnerställe plündern – **in der Stadt finden Waschbären immer etwas Leckeres.** Und zur Not fressen Waschbären auch Vogeleier, Schnecken und Insektenlarven, die sie in Parks finden. Ein hungriger Waschbär macht auch vor dem Gartenteich nicht halt und versucht, dort Fische und Lurche zu fangen. Obwohl er eigentlich zu den Raubtieren gehört, ist er ein richtiger **Allesfresser** und sehr anpassungsfähig.

Besonders auffällig ist seine Eigenart, sein Futter mit seinen empfindlichen Vorderpfoten abzutasten. Das macht er auch mit Nahrung, die er im Wasser findet. Deshalb glaubte man lange, dass Waschbären ihre Nahrung vor dem Fressen waschen. Ein Stamm der Waldindianer Nordamerikas wusste dies wohl schon lange, denn sie nannten den Waschbär **»der mit den Händen kratzt«.**

Übrigens: Ein Waschbär soll sogar mal als blinder Passagier die Fahrt auf einem Frachtschiff von Kanada nach Tschechien überlebt haben. Dort wurde er entdeckt, als der Container, in dem er hauste, geöffnet wurde. Der Waschbär überlebte diese Reise nur, weil in dem Container mehrere Paletten Hundefutter und Dosenbier waren. Mit seinen scharfen Eckzähnen hatte der Waschbär die Dosen mühelos aufgerissen.

Wie kommt der Löwenzahn in die Dachrinne?

Löwenzahn, Pusteblume, Butterblume oder Kuhblume: Die Pflanze mit dem gelben Köpfchen hat angeblich über 500 Namen und alle Kinder kennen sie. Der Löwenzahn ist aber nicht nur – vor allem als Pusteblume – bei Kindern beliebt, auch Erwachsene mögen ihn als Frühlingsboten und freuen sich über das sonnige Gelb auf Wiesen, an Wegrändern oder Bordsteinen und in der Dachrinne. In der Dachrinne? Ja, ihr habt richtig gelesen: Ab und zu gibt es Löwenzahnpflanzen, die sogar in Dachrinnen wachsen. Aber wie kommt der Löwenzahn überhaupt dahin und wie überlebt er da?

Der Löwenzahn ist eine anspruchslose, krautige Pflanze mit sehr auffälligem Aussehen. Die leuchtend gelbe Blüte besteht eigentlich aus ganz vielen, kleinen Blüten, die **Zungenblüten** genannt werden. Sie sitzen so dicht nebeneinander, dass sie wie eine einzige dicke Blüte wirken und viele Insekten anlocken. Den ersten blühenden Löwenzahn im Jahr könnt ihr im späten März finden, im Mai wächst er dann an jeder Ecke. Und sogar im Herbst blüht er noch vereinzelt.

Die gezackten grünen Blätter sind kreisförmig um den Stängel angeordnet, sodass sie das Regenwasser direkt zur Wurzel leiten. Wächst der Löwenzahn in bergiger Gegend, sind die Blätter relativ kurz und liegen flach auf dem Boden. So überdauern sie sogar Eis und Schnee. Im Flachland sind sie länger und eher aufgerichtet. Der Löwenzahn hat eine lange **Pfahlwurzel.** Das ist eine gerade Wurzel, die ein kleines bisschen an eine helle Karotte erinnert. Die Wurzel ist sehr kräftig und kann im Extremfall 1 m lang werden und Asphalt durchbrechen. Das könnt ihr oft an Straßenrändern oder befestigten Wegen beobachten, wo der Löwenzahn **sogar Pflastersteine verschieben kann.**

Aus der gelben Blüte entwickelt sich dann etwas später die beliebte weiße **Pusteblume.** An ihr kann man deutlich erkennen, dass die dicke gelbe Blüte eigentlich aus vielen Einzelblüten besteht. Wenn ihr nämlich ganz genau hinschaut, seht ihr, dass hier 200–400 Samen nebeneinander angeordnet sind. Jeder Same hat seinen eigenen kleinen Fallschirm aus Haaren, mit dem er über ein Stielchen verbunden ist. **Wenn ihr die Blume anpustet oder eine Windböe die Blume bewegt, lösen sich die Samen mit ihren Schirmchen und fliegen davon.** Wenn es ziemlich windstill ist, fliegen die Samen nicht besonders weit, oft nur 20–30 cm weit. Aber es gibt auch Samen, die in turbulente Luftströme geraten, hochgewirbelt und richtig weit davongetragen werden. Und sie landen dann manchmal an den ungewöhnlichsten Stellen, zum Beispiel in einer Dachrinne. Dort haben sich oft Erdreste angesammelt, auf denen Moos wächst, und es ist fast immer ein bisschen feucht. Wenn der Samen hier landet und hängen bleibt, weicht er auf und fängt bald an zu keimen.

Wissenschaftler haben ausgerechnet, dass einzelne, kräftige Samen unter guten Bedingungen viele Kilometer weit fliegen können. Den Rekord hält offenbar ein Samenschirmchen, das 111 km weit geflogen ist. Das ist ungefähr so weit wie von Bremen nach Hannover. Eine beachtliche Leistung. Der Löwenzahn ist also ein anpassungsfähiger **Spitzenflieger,** der mit den verschiedensten Lebensbedingungen klarkommt.

Übrigens: Löwenzahn ist wirklich ein Alleskönner. Als Heilkraut verwendet, gibt es ihn als Löwenzahnsalbe und Löwenzahntee. Feinschmecker mögen seine Blätter als Salat, Spinat oder als Suppe und lassen sich sogar Honig von Löwenzahnblüten schmecken.

Wieso hängen Fledermäuse immer kopfüber?

Findet ihr auch, dass Fledermäuse ungewöhnlich faszinierende und spannende Tiere sind? Sie können über extrem hohe und für uns nicht hörbare Laute – Ultraschall genannt – und das von Hindernissen und Beutetieren zurückgeworfene Echo ihre Umgebung genau wahrnehmen. So entstehen in ihrem Gehirn richtige Hörbilder. Sie sind die einzigen Säugetiere, die fliegen können, und hängen stundenlang kopfüber in Bäumen, Höhlen, Kirchen und Dachböden herum. Aber wieso hängen sie sich immer an ihren Füßen auf? Ist diese artistische Übung etwa bequem für Fledermäuse?

Es scheint sie zumindest nicht zu belasten. Kopfüber zu hängen ist für Fledermäuse das Natürlichste von der Welt, es passt zu ihrem Körperaufbau. Fledermäuse haben keine Flügel mit Federn wie Vögel, sondern eine **Flughaut.** Diese spannt sich von den sehr langen Fingern der Tiere bis zu den Fußgelenken. Aufgrund dieser Haut können die kleinen Flugsäugetiere mit ihren Fingern nicht greifen oder sich irgendwo festhalten. Sie können aber auch nicht wie Vögel auf der Stange sitzen, denn sie steuern ihren Flug mithilfe der **Schwanzflughaut** und ihren Beinen, weshalb ihre Kniegelenke um 180° gedreht sind. Das bedeutet, sie zeigen nach hinten. Darum haben die Fledermäuse eine andere Methode entwickelt, um zu schlafen: den **Hängetrick.** Hierzu suchen sie sich einen geeigneten Platz und **haken sich mit ihren Zehen fest.** Eine Sehne fixiert die Krallen dann so, dass die Tiere stundenlang ohne großen Kraftaufwand in Bäumen oder Dachböden hängen können.

Auch ihren **Winterschlaf** halten die Fledermäuse kopfüber. Wenn sie sich in ihre Winterquartiere wie Höhlen, Bergstollen oder Keller zurückziehen, suchen sie sich ein schönes Plätzchen und hängen sich für mehrere Monate kopfüber hin. Oft überwintern Fledermäuse in großen Kolonien, sodass die Tiere Kopf an Kopf hängen.

Wenn sich die Fledermäuse paaren, tun sie das auch kopfüber. Meist findet die Paarung schon im Winterquartier, als kurze Unterbrechung des Winterschlafs, statt. Die Männchen werden als Erstes wach und suchen sich ein hängendes Weibchen, an dem sie sich festklammern. Mit Nackenbissen wird das Weibchen geweckt und nach der Paarung schlafen beide kopfüber weiter.

Im Frühjahr beziehen Männchen und Weibchen dann unterschiedliche Quartiere. Mehrere Weibchen gründen gemeinsam sogenannte **Wochenstuben,** in denen sie ihre Jungen bekommen. Und wie? Natürlich kopfüber! Die Fledermausbabys erleben sozusagen eine **Sturzgeburt** und werden von der Schwanzflughaut der Mutter aufgefangen. Nach der Geburt werden sie von den Wochenstuben-Müttern gemeinsam aufgezogen.

Es gibt Fledermäuse, die sogar **kopfüber jagen.** Die **Große Hufeisennase** macht das ganz geschickt. Gemütlich an den Füßen hängend, stößt sie Ultraschalllaute aus, um Insekten ausfindig zu machen. Wird ein vorbeifliegendes Insekt vom **Ultraschall** getroffen und wirft ein Echo zurück, lässt sich die Fledermaus fallen und nimmt flatternd die Verfolgung auf. Um ihre Beute anschließend zu fressen, zieht sie sich wieder kopfüber an ihren Lieblingshängeplatz zurück.

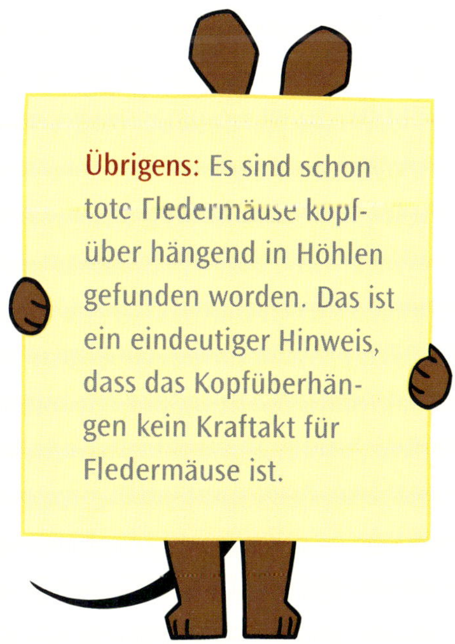

Übrigens: Es sind schon tote Fledermäuse kopfüber hängend in Höhlen gefunden worden. Das ist ein eindeutiger Hinweis, dass das Kopfüberhängen kein Kraftakt für Fledermäuse ist.

Entdeckungstour: Wer wohnt im Kirchturm?

Sie ragen über die meisten Häuser hinaus, in Dörfern sind sie oft die höchsten Gebäude. Die Kirchtürme! Früher beherbergten die zugigen Türme nur die Kirchenglocken, heute bieten sie verschiedenen Tieren Unterschlupf. Klar, dass es hier Mäuse, Spinnen, einige Insekten und ein paar Tauben gibt. Das habt ihr euch auch schon gedacht. Aber wusstet ihr, dass hier auch Fledermäuse, Dohlen, Schleiereulen und Turmfalken leben können?

Hierfür braucht ihr:

- 1 Fernglas
- 1 Kamera
- 1 starke Taschenlampe
- 1 Notizbuch
- 1 Stift

Der beste Zeitpunkt für dieses Experiment:
Ein klarer Tag und ein warmer Sommerabend sind am besten, um die Tiere rund um den Kirchturm zu beobachten.

So wird es gemacht:

- Sucht zuerst den Boden rund um den Turm nach kleinen Erdeingängen ab. Schaut in alle Ritzen, Mauervorsprünge und unter lose Steine.
- Schreibt euch auf, welche Tiere ihr hier am Boden entdeckt habt.
- Sucht euch anschließend einen Platz, von dem ihr die Kirchturmspitze gut sehen könnt.
- Schaut euch mit dem Fernglas das Dach ganz genau an. Achtet dabei besonders auf die Löcher und Nischen im Turm.
- Schreibt auf, welche Tiere ihr hier sehen könnt, welche Tiere hier herumfliegen.

- Geht auch mal im Dunkeln zum Turm. Leuchtet mit der Taschenlampe den Turm und die Umgebung ab und findet heraus, welche Tiere hier in der Nacht unterwegs sind.

- **Ganz wichtig:** Geht bitte nicht auf eigene Faust in die Türme. Ihr könntet die Falken oder Fledermäuse beim Brüten sehr stark stören und verjagen.

Das könnt ihr beobachten:

Auf dem Boden und am Mauerwerk könnt ihr bestimmt verschiedene Spinnen, Asseln Tausendfüßer, Käfer, Ameisen und andere Insekten finden. Vielleicht entdeckt ihr auch einen Mäusebau. Achtet auf kleine schwarze Kotkrümel auf dem Boden, die dem Kot von Mäusen ähneln – wenn sie sich leicht zu ganz feinem Staub zerreiben lassen, ist es der Kot von Fledermäusen. Keine Angst, der Kot der Fledermäuse ist nicht gefährlich und überträgt auch keine Krankheiten. Falls ihr Kot gefunden habt, wisst ihr sicher, dass hier Fledermäuse leben.
Wenn ihr das Dach des Kirchturms längere Zeit beobachtet, könnt ihr oft Dohlen oder Tauben entdecken. Seht ihr einen kleinen Greifvogel in der Nähe des Turms, so ist das bestimmt ein Turmfalke. Ganz sicher erkennt ihr ihn an seinem Rüttelflug, also wenn er in der Luft zu stehen scheint und nach Mäusen oder anderen Kleintieren Ausschau hält. Wenn ihr nachts mit der Taschenlampe unterwegs seid, kann es außerdem sein, dass ihr eine Schleiereule entdeckt, die lautlos an euch vorbeigleitet.

Tipp:
Mittlerweile werden viele Kirchtürme von verschiedenen Naturschutzgruppen betreut. Sie sorgen dafür, dass Vögel und Fledermäuse auf den Türmen ungestört leben und brüten können. Teilweise bringen sie oben im Turm zusätzliche Sitzstangen oder Nistkästen an. Wenn ihr Glück habt, könnt ihr bei einer geführten Kirchturmbegehung mitgehen und euch dann hoch oben im Turm den Unterschlupf dieser Tiere genauer ansehen.

Eine Beobachtungsstation für Regenwürmer

Wollt ihr wissen, wie Regenwürmer unter der Erde leben? Dann baut euch diese einfache Beobachtungsstation. Sie ist schnell gemacht und passt in jedes Kinderzimmer, auf den Balkon oder in den Keller. Nach einigen Tagen könnt ihr sehen, wie die Erde durchwühlt wird.

Hierfür braucht ihr:

- 1 großes Einmachglas
- 1 kleine Schaufel
- Gartenerde
- Waldboden
- Sand
- vertrocknete Blätter
- ca. 10 Regenwürmer
- 1 Blumenspritze mit Wasser
- Klarsichtfolie
- 1 Gabel

Der beste Zeitpunkt für dieses Experiment:
Dieses Experiment könnt ihr zu jeder Jahreszeit durchführen.

Tipp:
Wenn ihr die Regenwürmer nicht selbst suchen möchtet, könnt ihr die Würmer auch in einem Geschäft für Anglerbedarf kaufen.

So wird es gemacht:

- Bedeckt den Boden des Einmachglases mit einer 5 cm dicken Schicht Gartenerde und streicht sie glatt.
- Gebt eine 5 cm dicke Schicht Waldboden und 1 cm Sand darüber. Streicht auch hier jede Schicht glatt, damit ihr die Veränderungen später besser erkennen könnt.

- Schichtet abwechselnd noch einmal Gartenerde, Waldboden und Sand übereinander. Glattstreichen nicht vergessen.
- Gebt zum Schluss noch einmal etwas Gartenerde auf den Sand.
- Legt einige vertrocknete Blätter auf die oberste Erdschicht.
- Nehmt die Blumenspritze und besprüht alles mit Wasser.
- Setzt vorsichtig die Regenwürmer auf die Blätter.
- Beobachtet, wie sie langsam im Boden verschwinden.
- Verschließt das Glas mit Klarsichtfolie.
- Pikst mit der Gabel ein paar kleine Luftlöcher in die Folie.
- Stellt das Beobachtungsglas an einen kühlen, dunklen Ort.
- Achtet darauf, dass die Erde immer etwas feucht ist.
- Beobachtet die Regenwürmer mehrere Tage.
- Setzt die Regenwürmer später wieder in einem Blumenbeet aus.

Das könnt ihr beobachten:

Die Regenwürmer graben sich Gänge durch die verschiedenen Erdschichten. Dadurch werden die Schichten vermischt und der Boden lockert sich. Das ist gut an den Außenseiten des Glases zu sehen. Regenwürmer ernähren sich von verrotteten Pflanzenresten und Blättern. Da sie keine Zähne haben, halten sie die Blätter zunächst mit ihrem Mund fest und ziehen sie in die Gänge. Hier werden die Blätter sehr schnell von Bakterien und Kleinstlebewesen zersetzt und die Würmer können dann mit ihrem Mund kleine Stückchen aufnehmen, verdauen und die unverdaulichen Reste als Humus wieder abgeben.

Tipp:
Fotografiert eure Beobachtungsstation jeden Tag. Dann könnt ihr die Veränderungen auch später noch genau verfolgen.

Lebensraum Garten

Gärten sind so unterschiedlich wie die Menschen, die sie anlegen und pflegen. Da gibt es große, prächtige Parkanlagen, winzig kleine Stadtgärten, Bauerngärten, Steingärten, Obstgärten, Gemüsegärten, naturnahe Gärten und viele mehr. In manchen Gärten gibt es außer Rasen fast nichts, andere Gärten sind richtige kleine **Naturparadiese,** in denen auf engstem Raum alles kunterbunt wächst und gedeiht.

Viele Menschen verbringen ihre Freizeit damit, ihren Garten in Ordnung zu halten, ihn zu bepflanzen, Blumen zu säen, und viele ernten auch selbst gezogene Kräuter und Gemüse. Im Garten könnt ihr auch spielen, Feste feiern und im Sommer grillen.

Der Garten ist aber nicht nur ein grünes Wohnzimmer für uns Menschen, sondern auch wichtiger Lebensraum für vielerlei Pflanzen und Tiere. Rechnet man alle Gärten in Deutschland zusammen, kommt man auf eine Gesamtfläche von gut 6800 Quadratkilometern. Das ist so viel wie die Fläche aller deutschen Naturschutzgebiete zusammengezählt.

Biologen konnten **in Gärten weit über 2000 Tierarten** nachweisen – darunter alleine 650 Schmetterlings- und Vogelarten. Das ist knapp ein Viertel aller in Deutschland heimischen Tierarten. Hinzu kommen **gut 1000 Wildpflanzenarten,** die in unseren Gärten gedeihen können.

Aber nicht nur in Gärten geht es lebhaft zu: Auch auf einem bunt bepflanzten Balkon mit einer Kletterpflanze in der Ecke könnt ihr im Sommer viele Tiere beobachten, die von den Blüten angelockt werden oder sich hier einfach verstecken wollen.

Natur im Garten

Was ist ein naturnaher Garten? Nun ja, Natur bedeutet immer Vielfalt – und Vielfalt ist auch das Geheimnis erfolgreicher Gärtner. Je mehr verschiedene Blumen und Pflanzen es in einem Garten gibt, umso gesünder und kräftiger wachsen und gedeihen die Pflanzen darin. Im Gegensatz zu schlichten grünen Rasenflächen bietet ein solch **naturnaher Garten** mit dornigen Hecken, Kletterpflanzen und einer gesäten Blumenwiese auch reichlich Nahrungsquellen, Verstecke und Unterschlupfmöglichkeiten für Insekten, Vögel, Reptilien und Kleinsäuger. In den weiten Fugen von Mauern aus natürlichen Steinen siedeln sich zum Beispiel Echsen und Hummeln an, und unter dem Reisighaufen finden Igel Zuflucht. Auch ungemähte Randstreifen, Ecken mit »Unkraut«, kleine morsche Baumstümpfe sowie Laub unter Bäumen und Sträuchern beherbergen viele Kleintiere.

Das mag für manche Gartenbesitzer etwas unordentlich wirken, aber ein Garten ist auch kein Zimmer, das bis in den letzten Winkel aufgeräumt sein muss. **Die Natur hat ihre eigene Ordnung – und diese zu verstehen und zu respektieren, ist das eigentliche Geheimnis eines naturnahen Gartens.** Darum sind darin Gift und Chemikalien auch unerwünscht. Für jedes Problem gibt es nämlich erst einmal ein natürliches Bekämpfungsmittel. Denn wo viele Schädlinge sind, tauchen schnell auch deren natürliche Feinde auf und machen sich über ihre Beute her.

Und wenn Pflanzen am richtigen Platz stehen und gesund und kräftig sind, werden sie ohnehin seltener krank. Und so hilft statt Giftspritze oft eine selbst gebraute Pflanzenbrühe, um das Schlimmste zu verhindern.

Wildpflanze ist nicht gleich Wildpflanze

Es ist wie verhext: Im Garten von Klaus surren, zwitschern und buddeln die Tiere um die Wette, in dem seiner Nachbarin Katrin hingegen flitzt und flattert kaum ein Tier herum! Aber warum? Sie hat doch auch einen schönen abwechslungsreichen Garten, in dem sie viele bunte exotische Pflanzen angepflanzt hat! Was sie allerdings nicht wusste: Die Pollen, Samen oder Früchte dieser ausländischen Pflanzen stehen nicht auf dem Speisezettel heimischer Tiere und sind oft sogar giftig für diese, weshalb die Tiere einen großen Bogen um solche Pflanzen machen.

Viele unserer Insekten sind nämlich hoch spezialisiert auf heimische Pflanzen. Man rechnet, dass sich von einer **heimischen Pflanzenart** zehn verschiedene Tierarten ernähren. Darum ist die Verwendung solcher Pflanzen im Garten auch von großer Bedeutung. Zum Beispiel seht und hört ihr am heimischen Gelben Hartriegel viele Insekten flattern und summen. Die beliebte, aus China stammende Forsythie, die zur gleichen Zeit blüht, wird von der Insektenwelt hingegen kaum beachtet. Ähnlich wählerisch sind Vögel: Am heimischen Eingriffeligen Weißdorn finden beispielsweise über 30 Vogelarten Nahrung, am Chinesischen Wacholder dagegen nur eine einzige. Und ohne die Brennnessel gäbe es einige unserer Schmetterlingsarten nicht, da deren Raupen auf Brennnesselblätter spezialisiert sind. Besonders gerne legen manche Schmetterlinge ihre Eier auch an heimischen Pflanzen wie Disteln, Honigklee, Wiesenschaumkraut und der Wilden Möhre ab.

Besondere Lebensräume

Ein Garten ist ein von Menschen geschaffener künstlicher Lebensraum, der in dieser Form nicht in der Natur vorkommt. Und innerhalb des Gartens kann man auf kleinstem Raum Bedingungen schaffen, die ganz besonderen natürlichen Lebensräumen in der Natur nachempfunden sind. Beispiele für solch kleine Lebensräume – Fachleute sprechen von **Biotopen** – sind der Gartenteich und der Steingarten.

Besonders am **Gartenteich** finden sich ganz von alleine viele interessante Tiere und Pflanzen ein. Dabei spielt die Größe gar keine Rolle. Kaum ist er angelegt, schwirren prächtig funkelnde Libellen durch den Garten, Wasserläufer flitzen über die Wasseroberfläche und Wasserkäfer rudern durch das Wasser. Meist ist auch bald das Quaken eines Frosches zu hören oder eine Erdkröte legt ihre Eier an den Wasserpflanzen im Teich ab. Manchmal kommen sogar Molche in den Garten. Vögel nehmen im flachen Wasser am Ufer des Teichs gerne ein Bad und auf größeren Gartenteichen landen bisweilen sogar Enten und andere Wasservögel, um sich hier auszuruhen. An ihren Füßen und Federn kleben dabei oft Wasserpflanzen oder Eier von Wassertieren, die dann wie von Zauberhand plötzlich den Teich bevölkern, und nachdem kleine Tümpel und Gewässer in der freien Natur vielerorts ganz verschwunden sind, haben Gartenteiche dazu beigetragen, dass Frösche und Kröten wieder einen Lebensraum finden. In den Gärten können sie **laichen** und ihre Jungen können ungestört heranwachsen.

Ein anderer ganz besonderer Lebensraum ist der **Steingarten.** Hier gedeihen – wenn ihr alles richtig gemacht habt – Pflanzen, die sonst nur im Hochgebirge zu finden sind. Das sind oft **Polsterpflanzen** wie Leimkraut und Steinbrech. Der polsterförmige Wuchs ist eine Anpassung an das Leben im Hochgebirge, wo sich Pflanzen vor starkem Wind und Kälte schützen müssen.

Maulwurf (Talpa europaea)

Aussehen: Der Körper von Maulwürfen ist walzenförmig, die Schnauze spitz. Ausgewachsene Tiere wiegen zwischen 60 und 120 g. Ihre kräftigen, schaufelähnlichen Vorderfüße eignen sich perfekt zum Graben. Ihr Fell ist schwarz, kurz, samtig und so dicht, dass weder Wasser noch Erde eindringen können. Die Augen sind winzig und die Außenohren fehlen ganz. Trotzdem hören Maulwürfe ausgezeichnet.
Lebensraum: Maulwürfe leben in unterirdischen, weitverzweigten Gangsystemen in Wiesen, Laubwäldern, Parks und Gärten.
Lebensweise: Die eifrigen Buddler fressen gerne Insekten und deren Larven, was sie bei Gärtnern beliebt macht. Weniger beliebt sind ihre Maulwurfshügel. Denn die beim Graben ihres unterirdischen Gangsystems anfallende Erde schieben sie aus den Gängen heraus an die Oberfläche. Maulwürfe haben nur zur Paarungszeit im März und April Kontakt zu Artgenossen. Danach bringen die Weibchen 3 – 4 Junge zur Welt.

Bei ihrer Wühlarbeit können Maulwürfe in einer Stunde mehr als das Hundertfache ihres Eigengewichts an Erde auf dem Rasen aufhäufen. Maulwürfe dürfen nicht getötet werden, sie sind streng geschützt.

Siebenschläfer (Glis glis)

Aussehen: Siebenschläfer ähneln ein wenig den Eichhörnchen, allerdings sind sie kleiner. Die possierlichen Tiere haben ein weiches silbergraues Fell und einen buschigen Schwanz. Ihre runden Augen sind von einem schwarzen Ring gesäumt.
Lebensraum: Die guten Kletterer leben in Laubwäldern, Parks und Obstgärten, aber auch in alten leer stehenden Häusern oder Geräteschuppen. Ihr erkennt das oft daran, dass auf dem Boden einige trockene grüne Blätter herumliegen – das Baumaterial für ihr Nest.
Lebensweise: Siebenschläfer sind nachtaktiv. Sie fressen Knospen, Laub, Rinde, Obst und Samen. Manchmal erbeuten sie auch Vogeleier oder sogar junge Vögel. Den Sommer über leben sie in einem Laubnest. Von Anfang September bis Anfang Mai halten sie in hohlen Bäumen, leer stehenden Häusern oder in der Erde vergraben Winterschlaf: acht Monate lang! Dabei rollen sie sich zusammen und klappen die Ohrmuscheln über den Gehörgang.

Der Name Siebenschläfer kommt vermutlich aus dem Mittelalter, als das Wort »sieben« auch »viel« und »lang« bedeutete: Und Langschläfer sind die Tierchen ja wirklich!

Igel – stachelige Einzelgänger

(Erinaceus europaeus)

Die spitze Schnauze verrät, dass der Igel zu den **Insektenfressern** gehört. Aber auch Würmer, Obst, Beeren und vor allem Schnecken stehen auf seinem Speisezettel. Deswegen freut sich jeder Gärtner, wenn ein Igel seinen Garten besucht und dort die lästigen Nacktschnecken verputzt.

An Bauch, Gesicht und Gliedmaßen hat der Igel ein ganz normales Fell, auf dem Rücken trägt er hingegen ein **Stachelkleid.** Fühlt sich ein Igel bedroht, spannt er Tausende winziger Muskeln an den Stacheln an und stellt auf diese Weise seine Stacheln auf. Dann rollt er sich zu einer Kugel zusammen. Bei diesem Anblick vergeht jedem Angreifer sofort der Appetit. Allerdings wird Igeln dieses Verhalten auch oft zum Verhängnis, vor allem beim Überqueren von Straßen. Hört ein Igel nämlich ein herannahendes Auto, rollt er sich zum Schutz gegen diesen Feind zusammen und bleibt als stachlige Kugel auf der Fahrbahn liegen – und wird allzu oft überfahren.

Igel führen außerhalb der Paarungszeit ein Leben als **Einzelgänger.** Sie werden in der **Dämmerung** und bei **Nacht aktiv.** Oft hört man sie dann laut grunzen und schmatzen. Tagsüber verstecken sie sich in einem gut versteckten Nest aus Gras, Moos oder Laub. Das Weibchen bringt im Juni oder Juli bis zu elf Junge zur Welt. Die Neugeborenen sind blind und haben ganz weiche Stacheln, die noch unter der Haut verborgen liegen. Wären sie das nicht, würde sich die Mutter bei der Geburt ihrer Kinder schwer verletzen. Nach zwei bis drei Wochen öffnen die Jungen die Augen. Wenn ihr ein Igelnest entdeckt, dürft ihr die Jungen übrigens keinesfalls berühren, weil es sonst passieren kann, dass die Igelmutter ihre Nachkommen verlässt.

Den Winterschlaf halten Igel in einem sicheren Versteck. Im Herbst futtern sie sich einen dicken Winterspeck an, der ihnen hilft, über den Winter zu kommen. Manchmal schaffen die Jungtiere es jedoch nicht, sich vor dem Kälteeinbruch genug anzufressen. Findet ihr also spät im Jahr einen Igel, der abgemagert aussieht und in Not ist, solltet ihr ihn am besten zu einer Igel-Aufzuchtstation bringen. Dort kann ihm am besten geholfen werden.

Zilpzalp (Phylloscopus collybita)

Aussehen: Der Zilpzalp, auch Weidenlaubsänger genannt, ist ein kleiner, unscheinbar graubraun gefärbter Singvogel. Man hört ihn eher, als dass man ihn sieht.
Lebensraum: Der schlanke Vogel lebt in Wäldern mit viel Unterholz, häufig auch in Parkanlagen, auf Friedhöfen und in Gärten.
Lebensweise: Der Zilpzalp treibt sich wendig auf den dünnen Zweigen von Sträuchern herum und wippt dabei mit dem Schwanz nach unten. Das Männchen sitzt beim Singen in hohen Baumkronen. Dann hört man seinen typischen Gesang, der etwa so klingt: »Zilp-zalp zilp-zalp zilp-zalp.« Zilpzalps fressen Insekten, Spinnen und Beeren. Ihr kugelförmiges Nest hat einen seitlichen Eingang. Zweimal jährlich legt das Weibchen weiße, braun gepunktete Eier, aus denen nach 13–16 Tagen die Jungen schlüpfen. Zilpzalps sind Zugvögel und überwintern im Süden, zum Beispiel in Afrika. Im März kehren sie zu uns in die Brutgebiete zurück.

In den Nestern von Zilpzalps legen oft Kuckucke eines ihrer Eier ab. Die großen Kuckuckskinder nach dem Schlüpfen zu füttern, ist für die kleinen Singvögel ein großer Kraftakt.

Zaunkönig (Troglodytes troglodytes)

Aussehen: Der Zaunkönig ist wirklich ein Zwerg unter den Vögeln. Mit nur 10 cm Länge ist er unser kleinster heimischer Singvogel. Auf seiner Oberseite ist sein Gefieder rotbraun bis zimtfarben, auf der Bauchseite etwas heller. Das kurze Schwänzchen ist immer aufgestellt. Mit dem rundlichen Körper sieht er aus wie ein kleiner Federball.
Lebensraum: Zaunkönige leben in Wäldern, Gebüschen am Wegesrand, oft in der Nähe von Wasser.
Lebensweise: Der kleine Vogel lebt in dichtem Gestrüpp am Boden und fliegt pfeilschnell mit hörbarem Flügelschnurren. Am Boden huscht er flink wie eine Maus dahin. Hier sucht er nach Insekten, Milben und Spinnen. Aus Gras, Laub und Zweigen baut er in Bodennähe gut versteckt ein kugelförmiges Nest mit seitlichem Eingang. Dort legt das Weibchen zweimal im Jahr 5–8 Eier.

Die Männchen bauen im Frühjahr mehrere Nester, die Spiel- oder Balznester. Damit versuchen sie, die Weibchen zu beeindrucken. Das auserkorene Weibchen sucht sich dann das schönste Nest zum Brüten aus.

Rotkehlchen (Erithacus rubecula)

Aussehen: Das nur spatzengroße Rotkehlchen erkennt man leicht an seinem rostroten Gesicht und der ebenso gefärbten Brust. Mit seinen großen Augen kann es auch in der Dämmerung gut sehen.
Lebensraum: Rotkehlchen leben in Laub- und Mischwäldern mit viel Unterholz, sind aber auch häufige Gäste im Garten. Sie lieben Gärten mit Wasser und baden mehrmals täglich.
Lebensweise: Die kleinen bunten Vögel ernähren sich von Insekten, Spinnen, Nacktschnecken, kleinen Würmern und Beeren. Für Gärtner sind sie also nützliche Helfer bei der Kleintierbekämpfung. Ihr braucht nur ein Stückchen Erde umgraben und schon erscheint ein Rotkehlchen, um nach etwas Essbarem zu suchen. Die Weibchen brüten zweimal im Jahr. Das Nest wird gut versteckt am Boden gebaut. Es besteht aus trockenem Laub, Grashalmen und Moos und ist mit Federn, Haaren und Pflanzenwolle ausgepolstert.

Rotkehlchen überwintern im Mittelmeerraum, ältere Männchen bleiben aber oft den Winter über bei uns.

Kleiber (Sitta europaea)

Kleiber verkleinern die Eingänge der Bruthöhlen anderer Vögel mit Lehm, bis jene nicht mehr durch die Öffnung passen, und nutzen die Höhle dann selbst als Brutplatz. Daher auch sein Name: »Kleiber« war früher eine Bezeichnung für einen Handwerker, der Lehmwände erstellte.

Aussehen: Der Kleiber, auch Spechtmeise genannt, hat ein graublau gefärbtes Gefieder. Auffallend sind die schwarze Augenbinde und der kurze, kräftige Schwanz.
Lebensraum: Der Kleiber bewohnt Wälder, Parkanlagen und Gärten mit alten, hohlen Bäumen. Hier hüpft er flink am Boden herum oder klettert ruckartig und kreuz und quer an Baumstämmen umher. Er ist der einzige mitteleuropäische Vogel, der kopfüber am Stamm entlang abwärtslaufen kann.
Lebensweise: Der kräftige Vogel frisst Insekten, die er aus der Borke von Bäumen herausklopft. Hartschalige Samen wie Eicheln und Sonnenblumenkerne klemmt er in kleine Rindenritzen ein. Dann spaltet er sie durch Schnabelhiebe. Gebrütet wird einmal im Jahr in Baumhöhlen, aber auch gerne in Nistkästen.

Weinbergschnecke (**Helix pomatia**)

Aussehen: Weinbergschnecken haben einen grünlich gelben Körper. Auf dem Rücken tragen sie ein hellgraubraunes, bis 5 cm großes Häuschen.
Lebensraum: Weinbergschnecken leben in Weinbergen, auf Kalkböden und an lichten Waldrändern. Im Garten richten sie im Gegensatz zu Nacktschnecken keinen großen Schaden an.
Lebensweise: Schnecken kriechen mit ihrem muskulösen Fuß auf einem Film aus Schleim, den sie selbst produzieren. Sie ernähren sich von welkenden Pflanzenteilen. Dabei raspeln sie ihre Nahrung mit einer speziellen Raspelzunge ab, der Radula, auf der über 40 000 winzige Zähnchen sitzen. Weinbergschnecken sind Zwitter. Das heißt, es gibt keine Männchen oder Weibchen, sondern jedes Tier besitzt männliche und weibliche Fortpflanzungsorgane. Folglich kann jede Schnecke irgendeine andere befruchten. Dazu richten sich zwei Tiere – Fuß an Fuß aneinandergelehnt – gemeinsam auf.

Zum Überwintern graben sich Schnecken in die Erde ein und verschließen ihr Häuschen mit einem Kalkdeckel, den sie im Frühjahr wieder durchbrechen.

Regenwurm (**Lumbricus terrestris**)

Aussehen: Bei uns leben sechs Arten Regenwürmer, von denen *Lumbricus terrestris* mit bis zu 30 cm Körperlänge die größte ist. Der Körper des Regenwurms besteht aus vielen einzelnen Gliedern, an denen kurze Borsten sitzen.
Lebensraum: Regenwürmer leben in 1–2 m tiefen Gängen in lehmreichen, feuchten Böden.
Lebensweise: Sie sind bei Gartenfreunden beliebt, weil sie die Qualität des Bodens verbessern. Zum einen bilden sie neuen Boden, indem sie Pflanzenreste und Blätter fressen, verdauen und alles als sogenannten Humus (neuen Boden) wieder ausscheiden. Zum anderen belüften sie durch das ständige Graben den Boden, was gut für die Pflanzenwurzeln ist und wodurch mehr Wasser in den Boden dringen kann. Den Winter verbringen Regenwürmer in einer Art Kältestarre in bis zu 80 cm Tiefe in der Erde.

Der Regenwurm hat eine enorme Fähigkeit: Wird er beispielsweise von einem Feind gepackt, schnürt der Wurm einfach die hinteren Glieder ab und überlässt sie dem Feind. Anschließend wächst das fehlende Stück wieder nach.

Gartenkreuzspinne (Araneus diadematus)

Aussehen: Die bis zu 12 mm große Kreuzspinne erkennt ihr an dem auffälligen hellen Kreuz auf ihrem Rücken. Typisch ist auch ihr bis zu 50 cm großes kreisförmiges Netz.
Lebensraum: Kreuzspinnen leben an Weg- und Waldrändern, in Hecken, Gebüschen und Gärten.
Lebensweise: Mithilfe von Drüsen an ihrem Hinterleib kann die Kreuzspinne dünne Fäden erzeugen. Mit diesen baut sie ein kompliziertes Radnetz, das sie um die Mitte herum mit vielen kleinen Leimtröpfchen versieht. Dann setzt sie sich in die Mitte des Netzes und lauert auf Beute. Sie hat Hörhaare an den Beinen, die empfindlich auf Erschütterungen reagieren und ihr verraten, wenn ein Tier im Netz zappelt und sich nicht von dem Leim lösen kann. Dann stürzt sie sich auf ihr Opfer und spritzt Gift in dessen Körper. Sobald das Gift die inneren Organe der Beute aufgelöst hat, saugt die Spinne ihr Opfer einfach leer. Im Herbst spinnt das Weibchen einen Kokon, in den es die Eier ablegt. Danach stirbt das Weibchen. Im Frühjahr schlüpfen dann die Jungspinnen.

Der Biss einer Kreuzspinne ist für Menschen etwa so schmerzhaft wie ein Mückenstich.

Weberknecht (Phalangium opilio)

Aussehen: Die Oberseite von Weberknechten ist graubraun, die Unterseite hell. Ihre Augen sitzen auf einem kleinen Höcker. Ihre Beine sind in der Regel lang und kräftig.
Lebensraum: Weberknechte findet ihr an offenen, sonnigen Plätzen, auf Wiesen und in Gärten, aber auch am Waldrand. Sie sitzen gerne auf Mauern und zwischen Steinen.
Lebensweise: Die langbeinigen Tiere gehören zu den Spinnentieren, unterscheiden sich aber von anderen Spinnen. Sie können zum Beispiel keine Netze bauen. Zudem besitzen sie keine Giftdrüsen und müssen ihre Beute lebend verspeisen. Weberknechte ernähren sich von kleinen Insekten und grasen abgestorbene Pflanzenteile ab, auf denen mikroskopisch kleine Tierchen sitzen. Weberknechte sind nachtaktiv. Tagsüber sonnen sie sich gerne und sind generell sehr gesellig.

Bei den Weberknechten ist das zweite Beinpaar bis zu sieben Mal so lang wie ihr Körper. Bei einem Angriff können sie dieses einfach abwerfen. Das Bein zappelt dann noch eine Weile und lenkt so den Angreifer ab.

Siebenpunkt-Marienkäfer

(Coccinella septempunctata)

Aussehen: Marienkäfer sind wohl jedem bekannt, vor allem der mit den sieben schwarzen Punkten auf den auffällig roten Flügeldecken. Daneben gibt es aber auch noch Arten mit nur zwei oder sogar über 20 Punkten. Unter den Deckflügeln sitzen die eigentlichen Flügel.
Lebensraum: Marienkäfer leben in Wäldern, Hecken, Parks und Gärten.
Lebensweise: Die kleinen roten Käfer sind im Garten fleißige Helfer. Sowohl die Larven als auch die ausgewachsenen Käfer verspeisen nämlich große Mengen Blattläuse. Eine einzige Larve vertilgt bis zu 3000 von ihnen, bevor sie sich verpuppt. Marienkäfer überwintern in großen Gruppen. Als Winterquartier bevorzugen sie in der Natur Laubstreu, sie finden sich aber auch in Häusern ein. Dort sterben sie aber meistens aufgrund der trockenen Heizungsluft.

Da sich Ameisen von den zuckerhaltigen Ausscheidungen der Blattläuse ernähren, sind sie Feinde der Marienkäfer. Sie vertreiben die kleinen gepunkteten Käfer und töten sie bisweilen sogar.

Gemeiner Ohrwurm

(Forficula auricularia)

Aussehen: Ohrwürmer haben eine wurmähnliche Gestalt. Auffallend sind die langen Zangen am Hinterleib. Wegen der Zangen werden Ohrwürmer auch Ohrkneifer genannt.
Lebensraum: Ohrwürmer findet ihr fast überall in Feldern und Gärten. Dort halten sie sich am liebsten unter Steinen und in dunklen Schlupfwinkeln auf.
Lebensweise: Ohrenkneifer sind dämmerungs- und nachtaktiv. Sie sind Allesfresser und fangen ihre Beute mit den Zangen. Weil sie besonders gerne die Raupen von Eulenfaltern fressen, die im Garten viel Schaden anrichten, hängen viele Gartenliebhaber im Garten mit Stroh oder Laub gefüllte Tontöpfe auf, in denen sich die Ohrenkneifer ansiedeln können. Das Weibchen legt seine Eier in unterirdischen Kammern ab. Die Eltern lecken die Eier immer wieder ab, damit sie nicht von Pilzen befallen werden.

Der Name Ohrwurm kommt wahrscheinlich daher, dass man früher getrocknete und pulverisierte Käfer zur Behandlung von Ohrenkrankheiten verwendet hat. Das Gerücht, dass die kleinen Tiere nachts in Ohren kriechen und sich dort festbeißen, stimmt natürlich nicht.

Honigbiene – fleißige Arbeiterinnen

(Apis mellifica)

Bienen bilden große Staaten mit über 80 000 Einzeltieren in einem Bienenstock. Jeder Bienenstaat hat eine **Königin.** Diese legt täglich bis zu 15 000 Eier. Sie scheidet dabei eine Substanz aus, die verhindert, dass auch andere Bienen Eier legen. Aus den Eiern schlüpfen nach drei Tagen weiße Larven, die mit Honig und Pollen gefüttert werden und sich nach etwa einer Woche verpuppen. Aus diesen Puppen schlüpfen neue **Arbeiterbienen.**

Ob sich aus einer Larve eine Königin oder eine normale Arbeiterbiene entwickelt, hängt ganz alleine von der Fütterung ab. Zu Königinnen werden nur Larven, die während ihrer gesamten Entwicklung mit Gelee Royal aufgezogen wurden, einem speziellen Saft, den die Arbeiterinnen produzieren. Schlüpft eine neue Königin, tötet sie als Erstes alle anderen Königinnenlarven. Dann begibt sie sich auf **Hochzeitsflug.** Sie paart sich nur einmal im Leben und beginnt kurz darauf mit der Eiablage. Die alte Königin verlässt etwa eine Woche, bevor die neue schlüpft, mit etwa der Hälfte der Arbeiterbienen den Stock. Dann gründet sie in sicherer Entfernung einen neuen Staat.

Seit vielen Tausend Jahren halten Menschen Honigbienen als Haustiere. Der Grund dafür ist der beliebte Honig. Honig dient eigentlich den Bienen als Nahrungsreserve und wird in größeren Mengen eingelagert. Er besteht aus eingedicktem Nektar und Pollen, die von den fleißigen Bienen in den Stock eingetragen werden. Honig enthält Frucht- und Traubenzucker, aber noch über 200 andere Stoffe, darunter viele wertvolle Vitamine und Mineralien. Er ist zum Süßen von Speisen wesentlich gesünder und besser geeignet als beispielsweise der weiße Industriezucker.

Bienen haben ein ausgeklügeltes System entwickelt, um einander mitzuteilen, wo ein Platz mit vielen Blüten ist. Hat eine Biene eine gute Stelle gefunden, fliegt sie zurück zum Stock und übergibt dort den Geruch der Blüten mit den Fühlern an die anderen Arbeiterinnen. Außerdem vollführt sie einen Tanz, der den anderen Bienen anzeigt, wo die neue Futterstelle liegt: Erst geht's im Kreis links, dann rechts herum. Das heißt: Der Fundort liegt ganz in der Nähe. Ist die Futterquelle weiter entfernt, wackelt die Biene mit dem Hinterteil und beschreibt die Form einer 8. Die Tanzrichtung verrät den anderen Bienen, in welcher Richtung die Blüten zu finden sind.

Der Giftstachel der Honigbiene hat einen Widerhaken. Wenn eine Biene einen Menschen sticht, bleibt ihr Stachel in unserer Haut hängen und wird aus ihrem Körper herausgerissen. Dadurch stirbt die Biene. Daher stechen Bienen nur im äußersten Notfall, wenn sie sich bedroht oder angegriffen fühlen.

Grünes Heupferd (Tettigonia viridissima)

Aussehen: Das grasgrüne Heupferd wird bis zu 40 mm lang. Im Nacken trägt es einen dicken Schutzschild und an seinem Kopf sitzen lange feine Fühler. Auffallend sind die langen Hinterbeine von Heupferden, deren Knie weit über ihren Rücken nach oben ragen.
Lebensraum: Heupferdchen seht ihr auf Getreidefeldern, Wiesen und in Gärten.
Lebensweise: Die tag- und nachtaktiven grünen Heuschrecken sind Räuber und fressen mit ihren kräftigen Kieferwerkzeugen Insekten, Raupen, Fliegen und Käferlarven, aber auch Blätter und Blüten. Die Larven vertilgen außerdem Blattläuse. Damit ist das Heupferd ein sehr nützlicher Gartenbewohner. Typisch ist auch das schwirrende Zirpen, das von Mittag bis Mitternacht zu hören ist. Es entsteht, wenn ein Heupferd seine Flügel aneinanderreibt. Heupferde können gut klettern und auch ziemlich schnell fliegen. Zudem sind sie Meister im Springen: Aus dem Stand können sie 1–2 m weit hüpfen.

Der Name Heupferd geht auf den großen Kopf zurück, der an einen Pferdekopf erinnert.

Große Schwebfliege (Syrphus ribesii)

Aussehen: Die Große Schwebfliege erkennt ihr an dem auffallenden schwarz-gelb gestreiften Hinterleib. Wenn man nur flüchtig hinsieht, könnte man meinen, es handelt sich um eine Wespe. Es ist aber eine harmlose Fliege, die über keinen Stachel verfügt. Diese Ähnlichkeit ist Absicht: Sie täuscht damit Feinden vor, gefährlich zu sein.
Lebensraum: Schwebfliegen schweben vor allem über sonnige Wälder, Wiesen und Felder.
Lebensweise: Erwachsene Schwebfliegen ernähren sich von Blütenpollen und Nektar. Darum tragen sie wie die Bienen kräftig dazu bei, Blüten zu bestäuben. Die Larven fressen hingegen Blattläuse. Die Weibchen legen deshalb ihre Eier in der Nähe von Blattlauskolonien ab, sodass sich die frisch geschlüpften Larven gleich über die kleinen Pflanzensauger hermachen können. Im Herbst sterben die ausgewachsenen Fliegen, nur die Larven verpuppen sich und überwintern.

Die Schwebfliege schwebt – wie der Name es schon sagt – gerne wie ein Kolibri sekundenlang frei stehend in der Luft. Dabei schlägt sie mit ihren Flügeln bis zu 300-mal pro Sekunde auf und nieder.

Gemeine Stechmücke (Culex pipiens)

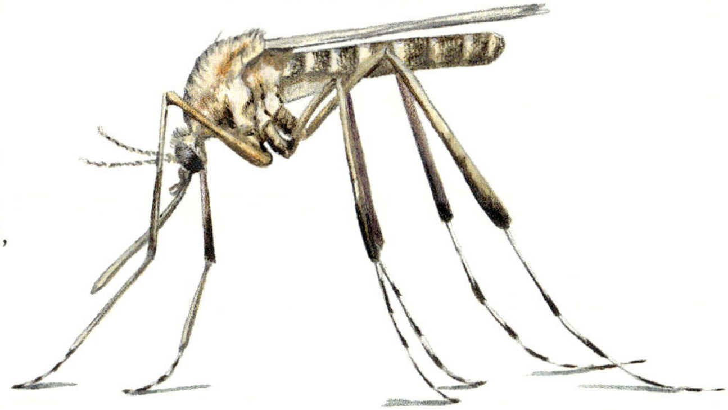

Aussehen: Der Körper von Stechmücken ist 3–7 mm lang, die Flügel sind schmal und die Beine lang und dünn. Die Weibchen haben einen langen Stechrüssel, mit dem sie Blut saugen. Der Rüssel der Männchen ist dazu da, Blütennektar aufzunehmen.
Lebensraum: Stechmücken findet ihr in der Nähe von Teichen und Tümpeln, aber auch bei mit Wasser gefüllten Behältern und Pfützen.
Lebensweise: Stechmückenweibchen ernähren sich von Blut, damit sie Eier legen können. Die Männchen besitzen dagegen keinen Stechapparat, sie leben von Blütennektar. Im Frühjahr klebt ein Weibchen dann 200 – 300 Eier zusammen und legt sie als schwimmendes Schiffchen auf einer Wasseroberfläche ab. Nachdem die Larven geschlüpft sind, hängen sie sich mit dem Kopf nach unten mit einem Atemrohr an die Wasseroberfläche. Hier filtern sie ihre Nahrung aus dem Wasser.

Das Jucken nach einem Mückenstich wird von Stoffen hervorgerufen, die im Speichel der Mücke enthalten sind. Manche Menschen reagieren ganz empfindlich und werden auch häufiger gestochen.

Kleiner Fuchs (Aglais urticae)

Aussehen: Die Flügel des schönen und häufigen Schmetterlings sind auf der Oberseite gelbrot gefärbt, tragen einige schwarze Tupfen und sind von einer Reihe schwarz umrandeter blauer Flecken gesäumt. Die Raupen des Kleinen Fuchses sind schwarz mit einem gelben Längsstreifen.
Lebensraum: Den Kleinen Fuchs findet ihr fast überall an Wegrändern, entlang von Bahndämmen und dort, wo Brennnesseln gedeihen.
Lebensweise: Die schönen Schmetterlinge ernähren sich von Blütennektar. Das Weibchen legt seine bis zu 300 Eier an der Unterseite von Brennnesselblättern ab. Die schlüpfenden Raupen ernähren sich ausschließlich von den Blättern der Brennnessel. Deshalb sollte man im Garten nicht alle Brennnesseln ausreißen. Nach mehreren Häutungen entstehen aus den Raupen Puppen, aus denen sich nach etwa 12 Tagen junge Schmetterlinge herausschieben. Dann dauert es nur noch ein paar Stunden, bis ihre Flügel trocken und steif sind und sie losfliegen können.

Die bunten Falter überwintern in der freien Natur in Erdritzen, Mauselöchern und kleinen Höhlen. Oft findet man sie aber auch in Kellern und auf Dachböden.

Blindschleiche (Anguis fragilis)

Aussehen: Blindschleichen sehen aus wie Schlangen, sind aber in Wirklichkeit völlig harmlose Echsen ohne Beine. Ihr Körper ist glatt und rund und schimmert wie Metall.
Lebensraum: Blindschleichen leben in Heidelandschaften, auf Wiesen und an Hecken – gerne gut versteckt unter Steinen und Holzstapeln.
Lebensweise: Blindschleichen machen sich im Garten nützlich, indem sie Nacktschnecken fressen. Aber auch die nützlichen Regenwürmer verschmähen sie nicht. Im Garten findet ihr sie daher häufig am Komposthaufen, wo sie reichlich Nahrung finden. In der Dämmerung gehen sie auf Jagd. Tagsüber liegen sie gerne zusammengerollt unter besonnten, flachen Steinen. Sie verstecken sich auch im hohen Gras. Bevor ihr die Wiese mäht, solltet ihr schauen, ob sich dort eine Blindschleiche aufhält. Zu schnell gerät sie in die Sense. Wenn es kalt wird, fallen die silbrigen Tiere in eine Winterstarre. Sie bringen lebende Junge zur Welt.

Bei Gefahr können Blindschleichen ihren Schwanz abwerfen, er wächst teilweise wieder nach. So können sie ihren zahlreichen Feinden entkommen.

Zauneidechse (Lacerta agilis)

Aussehen: Zauneidechsen können bis zu 27 cm lang werden, den Schwanz mitgerechnet. Der Körper wirkt gedrungen und plump, der Kopf kurz und dick. Meistens ist ihre Oberseite bräunlich grau mit hellen Längsstreifen und dunklen Fleckenreihen, die Unterseite ist grün oder bräunlich gelb.
Lebensraum: Die Echse bewohnt Wald- und Feldränder, Straßen- und Bahnböschungen, aber auch Hecken und Gärten. Überhaupt könnt ihr sie auf freien, sonnigen Flächen finden. Im Gebirge lebt sie bis in 1200 m Höhe.
Lebensweise: Zauneidechsen ernähren sich von Insekten, Tausendfüßern, Spinnen, Asseln und Würmern. Im Frühjahr kämpfen die Männchen erbittert um ihre Reviere. Das Weibchen legt zweimal im Jahr jeweils 4–15 Eier in selbst gegrabene Erdhöhlen. Die kalte Jahreszeit verbringen die Echsen in einer Kältestarre. Ende März verlassen sie ihre Winterquartiere und häuten sich.

Die Hauptfeinde der Zauneidechse sind Schlingnattern und Kreuzottern, in Gärten auch Hauskatzen. Zauneidechsen sind stark gefährdet, da ihre Lebensräume in freier Natur immer weniger werden.

Kellerassel (Porcellio scaber)

Aussehen: Asseln sind kleine Krebstiere, die nicht wie ihre Verwandten vornehmlich im Wasser leben, sondern ständig an Land. Sie haben sieben Laufbeinpaare und geknickte Antennen, mithilfe derer sie sich orientieren. Der Körper ist abgeflacht und schwarz bis braungrau gefärbt. Der Rückenpanzer besteht aus fein gezackten, halbringförmigen Körpergliedern.
Lebensraum: Asseln kommen überall vor, wo sie feuchte und dunkle Plätze vorfinden. Häufig seht ihr sie in feuchten Gebäuden, Kellern und Garagen, aber auch im Kompost und in Gewächshäusern fühlen sie sich wohl.
Lebensweise: Kellerasseln sind nachtaktiv und ernähren sich von verrottendem Pflanzenmaterial. Sie atmen mithilfe von kiemenähnlichen Organen, die an den Hinterbeinen sitzen und ständig feucht gehalten werden müssen. Dies geschieht durch ein ausgeklügeltes Wasserleitungssystem in den Schuppenreihen des Panzers.

Die Larven der Asseln entwickeln sich in einem mit Flüssigkeit gefüllten Brutbeutel an der Bauchseite des Weibchens. Diesen trägt es wie ein Aquarium mit sich herum.

Tausendfüßer (Myriapoda)

Aussehen: Tausendfüßer haben einen braunen bis schwarzen Panzer mit kleinen Borsten. Sie haben zwar viele Beine, aber nicht tausend. Unser Tausendfüßer hat etwa 30 Körperringe mit je zwei Beinpaaren, das heißt mindestens 120 Beine. Es sind jedoch mehr als 13 000 Tausenfüßerarten auf der Welt bekannt. Die größte von ihnen bewegt sich auf bis zu 700 Beinpaaren fort.
Lebensraum: Tausendfüßer leben in Wäldern, unter Steinen, in moderndem Laub und hinter feuchter Rinde.
Lebensweise: Die Vielbeiner ernähren sich von abgestorbenen Pflanzenteilen und Früchten. Es gibt aber auch Arten, die räuberisch leben und Würmer und Insekten fressen. Tausendfüßer atmen wie Insekten mit einem System aus feinen Röhren, die den Körper durchziehen. Diese Röhren nennt man Tracheen.

Mit den vielen Beinpaaren zu laufen ist nicht einfach, da alle koordiniert werden müssen. Wenn Tausendfüßer laufen, entsteht der Eindruck, als würde eine Welle durch ihren Körper laufen.

Holunder (Sambucus nigra)

Merkmale: Der Holunderstrauch kann bis zu 10 m hoch werden. Ab Juni erscheinen seine großen weißen Blütendolden, die unangenehm nach Aas riechen. Durch diesen Geruchstrick versucht der Strauch, aasfressende Fliegen anzulocken, die die Blüten bestäuben. Wenn ihr einen Zweig abbrecht, kommt ein weißes Mark hervor. Ab August reifen dann die schwarzen Früchte.
Vorkommen: Holunder kommt häufig an Waldrändern, Hecken, Gebüschen und auf Schuttplätzen vor.
Wissenswertes: Der Holunder ist ein bemerkenswerter Strauch und hieß früher die »Apotheke des Bauern«: Aus Rinde, Blüten, Blättern und Früchten wurden Arzneien zum Heilen etlicher Krankheiten hergestellt. Aus den Früchten kann man aber auch Saft, Gelee und Marmelade herstellen. Vorsicht: Roh sind die Beeren ungenießbar und erzeugen Übelkeit. Erst nach dem Erhitzen sind sie bedenkenlos zu genießen.

Der Holunderstrauch galt den alten Germanen als heilig. Früher sagte man deswegen, dass es Unglück bringt, ihn abzusägen.

Gänseblümchen (Bellis perennis)

Merkmale: Das Gänseblümchen ist eine der bekanntesten Pflanzen. Es wird knapp 10 cm groß und hat das ganze Jahr über auffällige weiße Blüten. In Wirklichkeit handelt es sich aber um ein sogenanntes Körbchen mit Hunderten kleinen gelben Röhrenblüten, die außen von einem Kranz weißer Zungenblüten umgeben sind. Bei Sonnenschein öffnen sie ihre Blütenköpfchen, bei trübem Wetter halten sie diese geschlossen.
Vorkommen: Gänseblümchen wachsen fast überall, bevorzugt aber auf Weiden und in Rasen, die regelmäßig geschnitten werden. Gänseblümchen können den Winter sogar im Schnee überdauern.
Wissenswertes: Gänseblümchen sind essbar. Die jungen Blättchen könnt ihr unter Salat mischen oder Gemüse daraus machen. Auch die Blüten schmecken in Salat oder unter Quark gemischt.

Die Samen des Gänseblümchens werden vom Wind verbreitet. Sie keimen sogar noch, wenn sie von Schafen oder Rindern gefressen und wieder ausgeschieden worden sind. Aus den Blüten könnt ihr kleine Kränze winden.

Echter Beinwell (Symphytum officinale)

Merkmale: Beinwell wird über 1 m hoch. Seine Blätter sind rau und behaart und haben kleine helle Flecken. Der Stängel und die Blätter fühlen sich ganz rau an. Schneidet ihr den Stängel quer durch, sieht er aus wie ein dreizackiger Stern. Von Mai bis Juli könnt ihr die schönen weiß oder violett gefärbten glockenförmigen Blüten betrachten.

Vorkommen: Die Beinwellpflanze wächst auf feuchten Wiesen, aber auch auf Schuttplätzen und an Wegrändern.

Wissenswertes: Beinwell ist eine uralte Arzneipflanze. Früher hat man sie verwendet, um Knochenbrüche und Wunden zu heilen. Dazu hat man aus der Wurzel eine Salbe oder einen Brei hergestellt. Der Name geht zurück auf den alten Begriff »Wallen«, damit meinte man früher das Zusammenwachsen und Verheilen von Knochenbrüchen.

Zur Bestäubung der Beinwellblüten brauchen Insekten einen langen Rüssel. Darum wird die Pflanze vor allem von Hummeln angeflogen. Aber auch kurzrüsslige Erdhummeln wagen sich an die Beinwellblüten. Sie beißen einfach dort, wo innen der Nektar sitzt, von außen ein Loch in die Blütenwand.

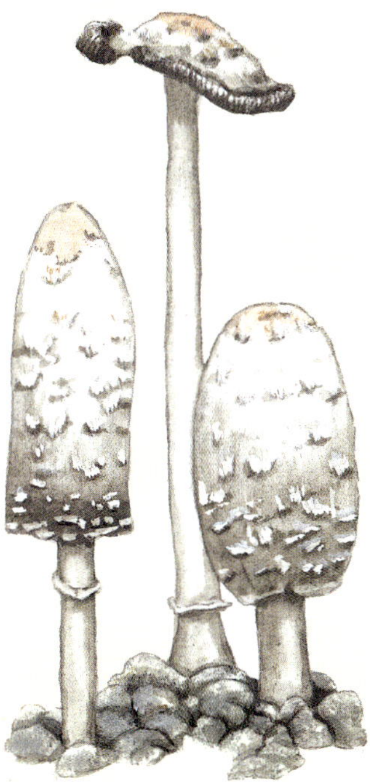

Schopftintling (Coprinus cornatus)

Merkmale: Schopftintlinge sind Pilze. Ihr Hut wird bis zu 15 cm hoch. Oben auf der Spitze ist er kahl und an den Seiten seht ihr leicht abstehende Schuppen. Wenn er älter wird, verfärbt sich der Pilz zunächst rosa. Dann beginnen sich die unteren Ränder des Hutes aufzurollen, werden immer dunkler und lösen sich auf. Nach einiger Zeit zerfließt er in einer schwarzen, tintenartigen Flüssigkeit.

Vorkommen: Der Schopftintling wächst auf Wiesen und an Waldrändern. Auf gedüngten Rasenflächen bildet er oft große Gruppen. Auch am Komposthaufen und dort, wo das Laub länger liegen bleibt, könnt ihr ihn finden.

Wissenswertes: Solange der Schopftintling außen und innen ganz weiß ist, kann man ihn essen. Er ist ein guter Speisepilz und hat ein feines Aroma. Ihr müsst ihn aber schnell verwerten, da er sehr schnell verdirbt. Beim Braten schrumpft er stark zusammen, da er zu 70 % aus Wasser besteht.

Aus der schwarzen Flüssigkeit des sich auflösenden Hutes könnt ihr auch eine echte Tinte herstellen. Dazu fängt man die abtropfende Flüssigkeit auf und vermischt sie mit Gummiarabikum-Pulver. Das gibt es in der Apotheke.

Wie kommt der Wurm in den Apfel?

Kennt ihr das? Frische Äpfel sind richtig lecker, am besten direkt vom Baum, aus dem eigenen Garten. Aber manchmal schmeißt ihr sie schon nach dem ersten Bissen angewidert weg, weil ihr ein kleines Loch mit dunklen Krümeln am Apfel entdeckt habt und wisst, dass ein Wurm im Apfel ist. Habt ihr euch schon mal gefragt, wie dieser Wurm in den Apfel kommt?

Der Wurm im Apfel ist eigentlich gar kein Wurm, sondern eine **Insektenlarve.** Es ist nämlich die Larve eines kleinen Schmetterlings, der Apfelwickler heißt. Der Falter hat einen bräunlichen Körper, schwarzgraue Vorderflügel, braune Hinterflügel und wie alle Insekten sechs Beine.

In den ersten warmen Mainächten fliegen die **Apfelwickler** durch die Dämmerung und paaren sich. Ein bis zwei Tage später legen die Schmetterlingsweibchen 60–100 Eier. Einige Eier werden auf den Blättern abgelegt, andere in den winzigen Früchten der Apfelbäume. Ungefähr zwei Wochen später schlüpfen kleine weiße Larven aus den Eiern und machen sich zielstrebig auf den Weg zu ihrer Speisekammer, den unreifen Äpfeln. Dort fressen sie sich durch das Fruchtfleisch bis zum Kerngehäuse und machen sich auch über die Kerne her. Dabei hinterlassen sie Spuren, die aussehen, als ob ein Wurm im Apfel säße.

Nach 3–5 Wochen sind die Larven ausgewachsen und ungefähr 2 cm lang. Sie sind jetzt rosa und verlassen den Apfel, um sich unter der Baumrinde oder in Ritzen der Baumstämme zu verpuppen. Dazu spinnen sie einen dichten weißen **Kokon,** in dem die Verwandlung zum Schmetterling stattfindet. Ende Juli schlüpfen aus den Puppen kleine Apfelwickler und fliegen umher. Oft ist das Wetter so günstig, dass die Schmetterlinge im August noch einmal Eier ablegen. Die Larven, die aus diesen Eiern schlüpfen, fressen sich durch die nun reifen Äpfel und spinnen sich im September in einen Überwinterungskokon, der am Stamm entweder in Rindenritzen liegt oder hinter der Borke eingeklemmt ist. In diesem Kokon verbringen die Larven den Winter, verpuppen sich

erst im Frühjahr und schlüpfen Ende April wieder als Schmetterling. Dann beginnt der Kreislauf wieder von vorn.

Jeder Apfel hat immer nur einen Wurm, das bedeute, das Schmetterlingsweibchen legt immer nur 1 Ei in jede Blüte. Nur bei der Auswahl der Obstbäume ist der Apfelwickler nicht so wählerisch. Neben Apfelbäumen befällt er auch Birnen-, Aprikosen-, Pflaumen-, Kirsch- und sogar Nussbäume.

Übrigens: In Obstplantagen oder Obstgärten vernichten die Larven des Apfelwicklers oft einen Großteil der Ernte. Bis vor einiger Zeit wurden dann häufig chemische Mittel eingesetzt. Heute versuchen immer mehr Gärtner, den Schaden mithilfe von Ohrenkneifern und Schlupfwespen zu begrenzen, denn Ohrenkneifer fressen die Schmetterlingslarven und die Larven der Schlupfwespen lieben die Eier des Apfelwicklers.

Wie leuchten eigentlich Glühwürmchen?

Kennt ihr sie auch, die winzigen, fliegenden Lampen? In warmen Juninächten könnt ihr sie an dunklen Stellen in Gärten, Parks oder auf Wiesen entdecken. Plötzlich leuchtet in der Dunkelheit ein winziges grünes Licht: ein Glühwürmchen. Und wo ein Glühwürmchen leuchtet, sind meist auch noch andere unterwegs. Wenn ihr genau hinguckt, entdeckt ihr bestimmt noch mehr von diesen geheimnisvollen, fliegenden grünen Punkten. Geheimnisvoll sind sie wirklich, denn ihr wisst wahrscheinlich, dass es keine fliegenden Würmer gibt und dass es einen tollen Trick geben muss, damit Tiere leuchten können. Also warum – und vor allem wie – leuchten sie? Andere Tiere, die nachts unterwegs sind, kommen ja schließlich auch ohne eigene Lampe aus. Es muss eine andere Bedeutung geben.

Das erste Geheimnis der Glühwürmchen ist, dass sie gar keine Würmer, sondern Insekten sind. Und zwar Käfer, genauer gesagt **Leuchtkäfer.** In Deutschland gibt es drei verschiedene Glühwürmchenarten, die alle eins gemeinsam haben: **Sie leuchten, um einen Partner zu finden.** Manche Glühwürmchen setzen auf Dauerleuchten, andere Glühwürmchen setzen auf eine andere Strategie und blinken. Es gibt auch Arten, bei denen nur die Weibchen leuchten, und Arten, bei denen beide Partner Leuchtsignale aussenden, um sich zu finden.

Die Weibchen haben nur ganz kurze Stummelflügel und können nicht fliegen. Deshalb klettern sie nachts an Grashalmen hoch oder setzen sich auf niedrige Blätter von Sträuchern und warten auf vorbeifliegende, leuchtende Männchen. Gefällt ihnen das Licht, antworten sie dem Männchen, indem sie ihr eigenes Licht am Hinterleib anstellen. Manchmal schwenken sie ihren **Hinterleib** dabei auch kräftig hin und her, damit ihr Leuchten auffälliger ist und vom Männchen leichter wahrgenommen wird. Haben sie sich entdeckt, blinken sich beide Glühwürmchen abwechselnd an, bis sich das Männchen in Weibchennähe auf den Boden fallen lässt und zu ihm hinkrabbelt. Haben sie sich gefunden, schalten sie ihr Licht aus und paaren sich im Dunkeln.

Wie schon gesagt, leuchten Glühwürmchen am Hinterleib. Dort ist die Haut an ihrem Panzer an einer Stelle ganz dünn und lichtdurchlässig, fast wie ein Fenster. Hier entsteht das grünliche Licht durch eine bestimmte chemische Reaktion, die den Leuchtstoff **Luziferin** aufleuchten lässt. Zusätzlich gibt es hier eine weiße Schicht, die wie ein Spiegel wirkt und das Licht nach außen wirft. Dadurch leuchtet der Hinterleib noch heller.

Nach der Paarung legen die Weibchen ihre leicht leuchtenden Eier auf dem Boden ab. Aus ihnen schlüpfen Larven, die auch kleine Leuchtorgane an ihrem Hinterkörper haben. Noch sind sich die Wissenschaftler nicht sicher, warum auch Eier und Larven leuchten können. Sie vermuten, dass die Larven hiermit ihre **Fressfeinde** abschrecken wollen. Die Larven selbst ernähren sich von Gehäuse- und Nacktschnecken. Sie verfolgen die Schleimspur der Schnecken und beißen ihren Opfern in den Kopf und in die Fühler. Dabei können sie auch noch ein Gift spritzen, das die Beute tötet. Die Larven fressen große Mengen an Schnecken, wachsen schnell und häuten sich mehrmals. Nach 2–3 Jahren verpuppen sie sich und kurz darauf schlüpfen die Glühwürmchen, die selbst nicht mehr fressen können, sondern sich sofort auf die Suche nach einem Partner begeben und dabei als leuchtender Punkt durch die Nacht tanzen.

Übrigens: Bis jetzt gibt es noch keine künstliche Lichtquelle, die so gut funktioniert wie ein Glühwürmchen, auch unsere Glühbirnen nicht. Sie geben nämlich die meiste Energie als Wärme ab. Das kennt jeder, der schon mal eine leuchtende Glühbirne angefasst hat. Sie ist ganz schön heiß! Das ist aber nicht erwünscht und auch nicht effektiv – und damit nicht umweltfreundlich. Glühwürmchen schaffen es hingegen, 95 % ihrer Energie als Licht strahlen zu lassen und nur 5 % als Wärme abzugeben. Das wäre auch eine gute Sache für unsere Lampen! Deshalb sind Glühwürmchen auch ein großes Vorbild für viele Forscher, die sich damit beschäftigen, umweltfreundlichere Leuchten, wie zum Beispiel Energiesparlampen, herzustellen.

Wie lebt ein Maulwurf eigentlich unter der Erde?

Klar, jeder von euch weiß, wie Maulwürfe aussehen, und die meisten von euch finden sie süß und niedlich. Aber habt ihr schon mal einen lebendigen Maulwurf gesehen oder kennt ihr nur seine Erdhaufen, die so manchen Garten oder Park in eine Hügellandschaft verwandeln? Viele Gartenbesitzer ärgern sich über die unordentlichen, wild verstreuten Erdhügel auf dem Rasen und können sich gar nicht vorstellen, dass es unter dem Grün eine gut geplante Wohnanlage mit weitverzweigten Gängen gibt. Denn der Maulwurf ist nicht nur ein fleißiger Buddler, sondern auch ein guter Architekt.

Maulwürfe leben fast immer unter der Erde und haben sich gut an die Lebensbedingungen im Dunkeln angepasst. **Sie haben einen rundlichen, walzenförmigen Körper, der gut durch die Gänge passt**. Die kurzen Vorderbeine haben sehr kräftige Muskeln. An den **Schaufelhänden** gibt es nicht nur fünf Finger mit langen Krallen, sondern auch noch eine Art sechsten Finger, der sich aus einem Handwurzelknochen entwickelt hat. Damit sind die Vordergliedmaßen richtige schaufelförmige Grabwerkzeuge. Und Maulwürfe sind auch in der Tat unglaublich schnelle Gräber. Bei weicher Erde schaffen sie 20 cm Gang pro Minute. Hierbei drücken sie einen Teil der Erde mit den breiten Händen an die Seitenwände, der Rest fliegt in hohem Bogen aus dem Gang und türmt sich nach und nach zu einem kleinen Erdhügel auf.

Das Gangsystem in einem Maulwurfsbau kann insgesamt 200 – 300 m lang werden und sich über eine Fläche verteilen, die so groß ist wie ein Fußballfeld. Alle Gänge sind miteinander verbunden und werden in **Lauf- und Jagdgänge** unterschieden. In den Jagdgängen legt sich der Maulwurf auf die Lauer, lauscht auf Geräusche und achtet auf die leichtesten Erschütterungen. Bemerkt er ein Insekt, einen Regenwurm oder eine Larve, läuft er schnell hin und schnappt sich sein Opfer. Maulwürfe müssen sehr viel fressen. Sie wiegen ungefähr so viel wie eine Tafel Schokolade, nämlich

100 g, und genauso viel müssen sie auch jeden Tag zu sich nehmen. Da kommen im Jahr mehr als 35 kg Regenwürmer zusammen, die der Maulwurf fangen muss. Wenn Maulwürfe so viele Regenwürmer erbeuten, dass sie sie nicht alle fressen können, legen sie einen Vorrat an. Dazu lähmen sie die gefangenen Regenwürmer durch einen kurzen Biss und bringen sie in ihre Vorratskammer. Das ist eine kleine Höhle knapp unter der Erdoberfläche, in der sich zuweilen 100 Regenwürmer ansammeln.

In ungefähr 80 cm Tiefe liegt der zentrale **Wohnkessel** des Maulwurfbaus. Der Boden des Wohnkessels ist mit Gräsern, Laub und Moos weich gepolstert. Die meisten Maulwürfe haben auch noch ein oder zwei Nebenwohnkessel, die allerdings etwas kleiner sind. Von den Wohnkesseln gehen mehrere Laufgänge ab, die alle direkt neben einem Maulwurfshügel an der Erdoberfläche münden.

Selbst zum Trinken müssen die meisten Maulwürfe ihren Bau nicht verlassen, denn sie haben eine eigene Tränke. Hierfür graben sie bis zum Grundwasserspiegel und heben eine kleine Höhle aus. Sie füllt sich automatisch immer wieder mit frischem Wasser. Fällt der Grundwasserspiegel im Sommer weiter ab, graben die Maulwürfe einfach ein kleines Stückchen tiefer. Die Tränke ist also immer der tiefste Punkt im Maulwurfsbau. **Maulwürfe haben sich wirklich sehr gut an ein Leben unter der Erde angepasst. Essen, trinken, jagen und schlafen – alles findet in dem gut geplanten Bau statt.**

Übrigens: »Blind wie ein Maulwurf« sagt man, wenn jemand nicht gut sieht. Dabei sind Maulwürfe gar nicht blind. Sie haben kleine schwarze Augen, die fast vollständig mit Fell bedeckt sind, mit denen sie aber gut Hell und Dunkel unterscheiden können.

Wie kommt die Schnecke in ihr Haus?

Zwischendurch stellt ihr bestimmt immer wieder fest, dass eure Hosen zu kurz sind und ihr gewachsen seid. Dann kauft ihr mit euren Eltern eine neue Hose, ein oder zwei Nummern größer. Oft zieht auch eine Familie in eine größere Wohnung oder in ein Haus, wenn die Familie Zuwachs bekommen hat. Aber wie ist das bei Schnecken? Sie tragen ihr Haus auf dem Rücken. Habt ihr euch nicht auch schon mal gefragt, ob die Schnecken schon von Geburt an Häuser haben oder sich vielleicht erst später leer stehende Häuschen suchen und dort einziehen? Kann ein Schneckenhaus mitwachsen oder wird es von Zeit zu Zeit gegen ein größeres Haus ausgetauscht?

Schnecken gehören wie die Muscheln zu den **Weichtieren.** Die Schalen von Weichtieren bestehen aus Kalk, genauso wie das Schneckenhaus. Es ist aber nicht flach wie bei den Muscheln, sondern wie eine Spirale gewunden. Jedes Schneckenhaus hat eine Spitze, ein Gewinde, eine Mündung und einen sogenannten **Mundsaum.** In dem Gehäuse liegt der **Eingeweidesack,** in dem die wichtigsten Organe wie Herz, Darm, Nieren und Lunge liegen und von einer festen Haut, dem Mantel, umschlossen werden. **So sind die lebenswichtigen Teile der Schnecke immer gut geschützt und nur ihr Kriechfuß und der Kopf schauen heraus.** Bei Gefahr kann sie auch diese Teile in das harte Gehäuse einziehen und ist vor Fressfeinden gut geschützt.

Um herauszufinden, ob Schnecken schon mit Häuschen auf die Welt kommen, müsst ihr euch den Schneckenlaich, also die Eier der Schnecken, ganz genau ansehen. Wenn die Schnecken aus ihren Eiern schlüpfen, sind sie winzig klein und haben schon winzige Häuschen. Sie werden also tatsächlich mit ihrem Haus geboren. Solange Schnecken wachsen, wächst auch das Haus mit, in dem vom Mantel aus immer wieder Kalk an den Mündungsrand des Häuschens angelagert wird. Das könnt ihr schön an den Rillen an dem Häuschen sehen.

Verlassen können die Schnecken ihr Gehäuse nicht, denn sie sind fest mit ihm verwachsen. Findet ihr ein leeres Schneckenhaus, ist es das Haus einer gestorbenen Schnecke.

Schneckengehäuse bieten aber nicht nur vor Feinden Schutz, sie sind auch ein guter Schutz gegen Trockenheit und Kälte. Hierfür können viele Schnecken ihr Haus mit einem Deckel verschließen. So schützen sich einige Meeresschnecken bei Ebbe vor Austrocknung und viele Landschnecken haben während der Winterstarre ein fest verschlossenes Haus als Kälteschutz. Sie öffnen den Deckel erst wieder im Frühjahr, wenn es wärmer wird.

Übrigens: Vielleicht fragt ihr euch, wie das denn mit den Nacktschnecken ist, die ohne Eigenheim auf dem Rücken durch den Garten ziehen. Im Prinzip ist es bei ihnen genauso. Während der Entwicklung im Ei wird eine winzige Schale angelegt, die aber nach dem Schlüpfen nicht mehr wächst, sondern sich mit der Zeit zurückbildet. Dadurch ist die Nacktschnecke zwar ungeschützter, dafür aber viel beweglicher.

Tipps und Tricks für einen tierfreundlichen Garten

Wollt ihr viele verschiedene Tiere in eurem Garten beobachten? Dann solltet ihr Lebensbedingungen schaffen, die fördern, dass sich Tiere in eurem Garten ansiedeln. Das geht mit ein paar Tricks und Tipps ganz leicht, zum Beispiel indem ihr unterschiedliche einheimische Blumen aussät, die verschiedene Insekten anlocken. Und durch die Insekten haben Vögel, Mäuse, Maulwürfe und Igel auch genügend Nahrung und kommen in euren Garten.

Hierfür braucht ihr:

- 1 Konservendose ohne Boden, Strohhalme und Kordel
- 2–3 Tontöpfe, Kordel und etwas Holzwolle
- 2–3 Eckchen im Garten, über die ihr entscheiden dürft
- evtl. 1 Schmetterlingsflieder zum Anpflanzen
- am besten mehrere Nistkästen
- 1 flache Schale mit Wasser

Der beste Zeitpunkt hierfür:
Ihr könnt das ganze Jahr etwas für einen tierfreundlichen Garten tun.

So wird es gemacht:

- Lasst eine Ecke des Gartens verwildern, sodass hier Brennnesseln, Löwenzahn und Disteln wachsen können. Wenn ihr möchtet, könnt ihr hier auch einen Schmetterlingsflieder pflanzen.
- In einer anderen Gartenecke pflanzt ihr unterschiedliche heimische Pflanzen an, zum Beispiel Nelken, Leimkraut, Minze und andere Kräuter.

- Schiebt in die beidseits offene Konservendose die Strohhalme und knotet ein Stück Kordel um beide Enden der Dose. Hängt die Dose dann an einer regen- und windgeschützten Stelle auf.
- Füllt die Tontöpfe mit Holzwolle und hängt sie mit der Öffnung nach unten an einen Baum.
- Schichtet in einer windgeschützten Ecke des Gartens Laub, Zweige und Äste übereinander und lasst den Haufen bis zum Frühjahr ungestört.
- Hängt im Frühjahr mehrere Nistkästen mit dem Einflugloch in Richtung Osten auf.
- Stellt die flache Schale mit Wasser als Vogeltränke an einen schattigen Platz.

Das könnt ihr beobachten:

Die Blüten der bei uns heimischen Pflanzen locken Insekten in euren Garten. Zudem sind die Brennnesseln für einige Schmetterlingsraupen ein richtiger Leckerbissen und viele Schmetterlinge saugen gern den Nektar aus den Blüten des Schmetterlingsflieders. Die »Häuser« mit Strohhalmen locken Wildbienen an, während die Holzwolle einen besonders guten Unterschlupf für Ohrwürmer bietet. Und im Winter dient der Laubhaufen Mäusen und Igeln als Behausung.
Die Nistkästen werden im Frühjahr besonders gern von Kohlmeisen, Blaumeisen, Spatzen, Kleibern und Gartenrotschwänzen bezogen. Wenn es heiß wird, trinken und baden viele Singvögel gerne in den aufgestellten Wasserschalen.
Aber auch im Winter solltet ihr die Schalen mit Wasser befüllen. Dann könnt ihr bei Frost mit etwas Glück Eichhörnchen beobachten, die an dem gefrorenen Eis lecken.

Tipp:

Bestimmte Blumen locken nachtaktive Insekten an. Hierzu gehören zum Beispiel Phlox, Leimkraut, Minze und Lichtnelken. Durch diese Blumen ist in eurem Garten auch nachts richtig viel los. Die Insekten, die den Nektar dieser Blüten aufsaugen, werden von Fledermäusen gefressen. Ihr könnt dann vielleicht sogar ein paar Fledermäuse bei der Insektenjagd beobachten.

So wird ein Komposthaufen angelegt

Im Garten brauchen Sträucher, Blumen und Gemüse regelmäßig Dünger, damit sie gut wachsen. Wenn ihr selber einen Komposthaufen im Garten anlegt, braucht ihr gar kein Geld für Dünger auszugeben, denn Kompost ist nicht nur der beste Dünger, es gibt ihn auch kostenlos. Ihr werdet staunen, wie schnell aus Zweigen, Blättern und Gemüseabfällen richtig schöne schwarze, krümelige Erde wird.

Hierfür braucht ihr:

- Zweige, Äste, Garten- und Küchenabfälle
- 1 Schaufel
- 1 Gießkanne
- 1 Harke
- Gummistiefel

Der beste Zeitpunkt für dieses Experiment:
Einen Komposthaufen könnt ihr im Frühjahr, Sommer und Herbst anlegen.

So wird es gemacht:

- Sucht euch eine schattige, leicht windige Stelle im Garten.
- Als Untergrund ist ein Beet oder eine Wiese am besten, damit Regenwürmer und andere kleine Tiere leicht in den Kompost krabbeln können.
- Als unterste Schicht legt ihr locker Äste und Zweige übereinander auf den Boden.
- Darüber können jetzt alle anderen Abfälle, wie gehäckselte Zweige, Blätter, Grasschnitt, Gemüse- und Obstschalen, Eierschalen, Kaffeesatz und Teebeutel geschichtet werden.

- **Aber Achtung:** Essensreste, Fleisch, Plastik, Aluminiumfolie, Steine und Glas gehören nicht auf den Kompost!

- Begießt den Komposthaufen an heißen Sommertagen mit Wasser, damit er nicht austrocknet. Achtet aber darauf, dass der Kompost nicht ganz durchnässt, sonst fangen die Abfälle an zu stinken.
- Hebt den Komposthaufen ab und zu mit der Schaufel um, damit er ein wenig belüftet wird.
- Nach einigen Monaten könnt ihr die Komposterde auf die Beete geben und mit der Harke verteilen.

Das könnt ihr beobachten:

Wenn ihr einen älteren Komposthaufen umgrabt und ihn euch genauer anschaut, könnt ihr besonders viele Regenwürmer, Asseln, Springschwänze und Tausendfüßer finden. Genau das wird in ein paar Monaten auch in euren Komposthaufen zu sehen sein!

Tipp:

Falls ein Freund oder ein Nachbar einen Komposthaufen hat, bittet ihn um ein bisschen fertige Komposterde. Diese Erde mischt ihr dann unter euren Haufen. Durch die Bakterien und Pilze, die in dieser Erde sind, werden eure Abfälle etwas schneller zu Dünger abgebaut.

Mauslexikon

Allesfresser: bezeichnet Tiere, die sowohl pflanzliche als auch tierische Nahrung zu sich nehmen, zum Beispiel Schweine und Möwen.

Ameisensäure: Sie wird von verschiedenen Tieren wie Ameisen, aber auch von Brennnesseln zur Verteidigung eingesetzt. Wenn Ameisensäure auf oder unter die Haut kommt, brennt und juckt es.

Amphibien: Wirbeltiere, die sowohl im Wasser als auch an Land leben.

Anthocyan: roter Farbstoff, der in vielen Blättern vorkommt.

Atmen: Vorgang bei Tieren, bei dem Sauerstoff aufgenommen und Kohlendioxid abgegeben wird.

Bakterien: meist einzellige Kleinstlebewesen, die keinen Zellkern besitzen. Sie sind für viele Krankheiten verantwortlich.

Biotop: der Lebensraum einer Lebensgemeinschaft aus unterschiedlichen Tier- und Pflanzenarten.

Borreliose: eine von Bakterien verursachte Krankheit, die von Zecken übertragen wird. Deswegen sollte man nach einem Zeckenstich vorsichtshalber einen Arzt aufsuchen.

Brackwasser: entsteht, wenn salziges Meerwasser sich mit Süßwasser vermischt, zum Beispiel dort, wo Flüsse ins Meer münden.

Brunftzeit: eine Bezeichnung aus der Jägersprache für die Paarungszeit bei Tieren. Oft kämpfen und werben die Männchen dann um die Weibchen.

Bürzeldrüse: eine Drüse am Schwanz von zum Beispiel Wasservögeln. Sie produziert eine ölige Substanz, mit der Vögel ihre Feder einfetten. So können sich die Federn nicht voll Wasser saugen.

Chitin: eine Substanz, die zum Beispiel im Panzer von Insekten und Krebsen vorkommt.

Chlorophyll: grüner Blattfarbstoff, der eine wichtige Rolle bei der Fotosynthese spielt.

Fährte: Fußabdrücke von Tieren auf dem Boden.

Fließgewässer: Gewässer, deren Wasser fließt, also Bäche, Flüsse und Ströme. Seen, in denen das Wasser steht oder nur ganz langsam fließt, heißen Stillgewässer.

Fluke: die Schwanzflosse der Wale. Sie ist waagerecht zum Körper ausgerichtet und besitzt keine Knochen. Im Gegensatz dazu steht die Schwanzflosse von Fischen senkrecht, also in der Verlängerung des Körpers.

Fossil: versteinerte Überreste von Tieren und Pflanzen, die vor vielen Millionen Jahren gelebt haben.

Fotosynthese: Vorgang, bei dem Pflanzen mithilfe von Chlorophyll und der Energie des Sonnenlichts aus Wasser und Kohlendioxid Traubenzucker herstellen.

Frucht: bildet sich aus Blüten und enthält den Samen einer Pflanze.

Gewölle: von Greifvögeln ausgewürgte unverdauliche Reste von gefressenen Tieren, wie zum Beispiel Fell und Knochen von Mäusen.

Greifvogel: Gruppe von fleischfressenden Vögeln, die ihre Beute erjagen und ergreifen. Sie wurden früher als Raubvögel bezeichnet.

Heilpflanze: Pflanzen, die Stoffe enthalten, welche bei der Heilung von Krankheiten helfen.

Insekten: Die meisten Tierarten auf der Welt sind Insekten. Sie haben sechs Beine und einen dreigeteilten Körper. Der besteht aus Kopf, Brust und Hinterleib.

Karotin: Gruppe von Farbstoffen, die in vielen Blättern, Früchten oder Wurzeln vorkommt.

Kaulquappen: sind die Larven der Frösche und Kröten. Kaulquappen leben im Wasser und wandeln sich zu kleinen Fröschen um, die dann an Land gehen.

Kiemen: Atemorgan von vielen Fischen, Amphibien oder Larven.

Kitz: Bezeichnung für die Jungtiere von Rehen, Ziegen und Gämsen.

Kohlendioxid: durchsichtiges Gas, das von Menschen und Tieren als Abfallstoff abgegeben und von Pflanzen zum Aufbau von Traubenzucker genutzt wird.

Kokon: Gehäuse, das sich die Larven vieler Insekten zur Verpuppung bauen.

Kulturfolger: Bezeichnung für Tiere oder Pflanzen, die in von Menschen geschaffenen Kulturlandschaften leben. Das sind zum Beispiel Äcker oder Wiesen, aber auch Städte.

Larve: Zwischenform bei der Entwicklung vom Ei zum voll entwickelten, geschlechtsreifen Organismus. Larvenstadien gibt es bei sehr vielen Tieren, z. B. Insekten, Muscheln, Quallen oder Amphibien.

Metamorphose: Abfolge von verschiedenen Entwicklungsstadien.

Mikroorganismen: winzig kleine Lebewesen, die man oft nur mithilfe eines Mikroskops erkennen kann.

Myzel: Pilze bestehen aus einem Myzel. Das ist ein unsichtbares Geflecht aus fadenförmigen Zellen im Boden oder in Holz. Was wir als Pilz bezeichnen, ist eigentlich die »Frucht« des Pilzes.

Nagetier: Tiere mit je einem Paar Nagezähnen im Ober- und Unterkiefer. Nagezähne wachsen das ganze Leben lang und müssen deswegen abgenutzt werden.

Neophyten: Pflanzen, die ursprünglich aus weit entfernten Ländern stammen und nun bei uns wild wachsen.

Ökosystem: ein Lebensraum, wie zum Beispiel der Wald, in dem verschiedene Arten von Lebewesen leben, die gegenseitig voneinander abhängig sind.

Parasiten: Lebewesen, die in oder an anderen Lebewesen schmarotzen.

Plankton: Bezeichnung für im Wasser lebende Kleinstlebewesen.

Puppe: bewegungslose Zwischenform bei der Entwicklung vom Ei zum Insekt, oft die letzte Form vor dem geschlechtsreifen Insekt.

Reptilien: eine Gruppe von Tieren, die ihre Eier an Land legen, eine verhornte Haut haben und keine eigene Körperwärme erzeugen können. Hierzu gehören Schlangen, Echsen und Schildkröten.

Revier: Raum oder Gebiet, das ein Tier als sein »eigenes« verteidigt.

Rhizom: Rhizome wachsen unter der Erde, sind aber keine Wurzeln. Aus einem Rhizom sprießen Triebe und Blätter.

Rote Liste: Das ist eine Auflistung von Tier- und Pflanzenarten, die gefährdet oder vom Aussterben bedroht sind und deswegen besonders geschützt werden müssen.

Samen: Aus Samen keimen neue, junge Pflanzen. Samen dienen Pflanzen zur Vermehrung und Verbreitung.

Sauerstoff: durchsichtiges Gas, das Menschen und Tiere beim Atmen aufnehmen und das ungefähr 21 % der Luft ausmacht.

Säugetiere: Bezeichnung für alle Tiere, die ihre Jungen mit Milch säugen.

Säure: ätzende Flüssigkeiten, die andere Stoffe angreifen bzw. auflösen können.

Schallwellen: unsichtbare Wellen in der Luft, aber auch in Wasser, die wir teilweise hören können.

Singvögel: eine Gruppe von Vögeln, die einen speziellen Kehlkopf haben, mit dem sie singen können.

Sporen: Sporen erfüllen die gleiche Funktion wie Samen bei Blumen: Mit ihrer Hilfe verbreiten und vermehren sich Pilze und Farne.

Stärke: wichtiger Energielieferant für Pflanzen und Tiere. Sie besteht aus ganz vielen Zuckerbausteinchen, die alle aneinandergekettet sind.

Stoffwechsel: Aufnahme, Transport, Umwandlung und Abgabe von Stoffen in einem Lebewesen.

Symbiose: Bezeichnung für eine enge Lebensgemeinschaft von zwei unterschiedlichen Arten von Lebewesen, bei der jedes einen Vorteil vom anderen hat und beide manchmal nicht alleine existieren können.

Tracheen: ein Röhrensystem, mit dessen Hilfe Insekten atmen.

Traubenzucker: Zucker, der bei der Fotosynthese entsteht.

Ultraschall: Bezeichnung für bestimmte Töne, die das menschliche Ohr nicht hören kann. Manche Tiere wie Fledermäuse nutzen diese zur Orientierung.

UV-Strahlung: Ultraviolettstrahlung ist ein für den Menschen unsichtbarer Teil des Lichtspektrums. Sie ist für den Sonnenbrand verantwortlich.

Virus: winzig kleine Kapseln aus Eiweiß, die in Zellen von Lebewesen eindringen und schwere Krankheiten hervorrufen können.

Vitamin: Bezeichnung für bestimmte Substanzen, die lebenswichtig sind und die wir brauchen, um gesund zu bleiben. Vitamine finden sich zum Beispiel in Obst und Gemüse.

Winterschlaf: Manche Tiere überleben den kalten Winter, indem sie in einem Versteck in tiefen Schlaf versinken. Sie verbrauchen so weniger Energie und müssen auch nicht fressen.

Zugvogel: Vogelarten, die die verschiedenen Jahreszeiten an unterschiedlichen Orten verbringen.

Zwitter: Tiere, die gleichzeitig männliche und weibliche Geschlechtsorgane haben.

Register